아빠 육아 업데이트

아빠 + 육아 업데이트

홍석준 지음

초보 아빠에서 베테랑 아빠로 나아가기

영진미디어

아빠 상태 점검 게임

자신이 얼마나 좋은 아빠인지 등급으로 나눌 수 있다면 당신은 어디쯤 위치한다고 생각하는가? 가벼운 게임으로 스스로의 상태를 확인하며 시작해 보자. "에이, 그런 거 필요 없어요. 아무리 못해도 평균은 될 거니까 바로 본론으로 가시죠!"라고 할지도 모르겠다. 우리는 스스로를 객관적으로 보기 힘든 인간이니 자연스러운 반응이다. 하지만 아빠에는 다르게 접근해야 한다. 나 홀로 만들어지는 관계가 아니기에 더 신중하게 살펴봐야 한다. 좋은 아빠가 되기 위해서는 스스로 어떤 상태인지 명확히 아는 것이 가장 중요하다.

자, 우리가 어떤 상태의 아빠인지 점검하는 게임을 시작해 보자. 따로 준비할 것은 없다. 한쪽 손가락 5개, 많아야 양 손가락 10개면 충분하다. 규칙은 아주 간단하다. 아래 20개 질문에 잘 대답할 수 있거나 대답이 'YES'라면 1점을 얻는다. 대답을 못하거나 대답이 'NO'라면 점수를 얻지 못한다. 왜 손가락이 많이 필요 없는지 해보면 알 수 있다. 긴가민가하며 쭈뼛거리지 말고 밑으로 쭉쭉 내려가 보자. 최종 합산 점수로 현재 자신의 '아빠 상태'를 확인할 수 있다.

〚아빠 상태 점검 게임〛

1. 아이의 키는?
2. 아이의 몸무게는?
3. 아이의 옷 사이즈는?
4. 아이의 신발 사이즈는?
5. 아이와 함께하는 시간이 하루 1시간이 넘는가?
6. 아이를 직접 씻기는가?
7. 아이가 어제 대변을 보았는가?
8. 아이의 담임 선생님 성함은?
9. 아이가 가지고 싶어 하는 것은?
10. 아이 친구 3명 이름은?
11. 아이가 좋아하는 색깔은?
12. 아이가 좋아하는 음식은?
13. 아이가 좋아하는 옷은?
14. 아이가 좋아하는 책은?
15. 아이가 좋아하는 장난감은?

16. 아이가 좋아하는 이성 친구는?

17. 아이가 좋아하는 노래는?

18. 아이가 좋아하는 TV 프로그램은?

19. 아이가 좋아하는 동물은?

20. 아이가 좋아하는 놀이터의 기구는?

어땠는가? 생각보다 답이 술술 나오지 않아 당황했는가? 어쩌겠는가. 담담하게 받아들여야 한다. 지금 그 결과가 당신이 아빠로서 아이와 육아에 얼마나 관심 있는지를 말해주고 있다.

16~20개 ☞ 내가 아빠다

아이와 관계 형성이 잘 된 아빠로군요.

존경합니다.

11~15개 ☞ 이 정도면 아빠?

평균이시네요. 좀 더 분발해 봅시다!

6~10개 ☞ 아빠인 듯 아닌 듯

아슬아슬합니다.

아이에게 조금 더 관심을 가져보는 건 어떨까요?

0~5개 ☞ 아빠가 아니다
이 책을 읽지 않으면 평생 후회할 거예요.

　　이런 엉터리가 어디 있냐며 불평하는 사람이 있을지 모르겠다. 이런 것들 다 몰라도 좋은 아빠가 될 수 있다고 외칠 수도 있겠다. 그러나 모르는 것을 모른다고 인정하지 못한다면 지금의 그 자신감은 오래가지 못한다. 우리는 정말 아이에 대해 잘 모른다. 아빠가 마음을 바꾸지 않으면 '남편-아이-아내'라는 삼각구도 안에서 육아는 점점 더 힘들어진다. '아빠 상태 점검 게임'은 그저 시작에 불과하다. 지금 나온 점수가 높은지 낮은지보다 더욱 중요한 것은 지금 이 자리에 와 있는 마음가짐이다. 바쁜 삶에 지쳐 평소에 놀아보지 않았을 질문들을 마주할 기회를 가졌다. 변화의 준비가 된 것을 진심으로 감사하게 생각한다.

　　이제 자신을 알게 되었으니 본론으로 들어가 보자. 어렵게 이 자리에 왔으니 꼭 끝까지 함께하자. 책을 덮고 난 후 변화가 시작되고 나면 끙끙 싸맸던 앞 페이지의 질문들은 우습게 변할 것이다. 스스로에게 부끄럽지 않은 아빠가 되어 보자. 자, 이제 진짜 게임을 시작한다.

지금
아빠들에게
육아란?

아빠에게도 임신 테스트가 필요하다

'사후' 말고 '사전'에

아내가 화장실에서 나왔다. 다행히 한 줄이다. 요 며칠 생리가 늦어져 걱정했는데 이제야 안도의 한숨을 쉬었다. 예상치 못한 아이의 탄생은 아쉽게도 행복감보다 당혹감이 먼저 찾아오는 법이다. 순간 이런 생각이 스쳤다. '왜 임신 테스트는 엄마들만 받아야 할까? 그것도 모든 일이 벌어진 다음에야….' 이 의문으로 시작된 생각은 꼬리에 꼬리를 물더니 생뚱맞은 결론으로 자리를 잡았다. 임신 테스트가 정말 필요한 것은 아빠들이라고.

어쩌면 인생에서 가장 큰 변화 중 하나인 '내 아이를 갖는 것'의 무게에 비해 아빠들은 별다른 준비를 하지 않는다. 10달의 임신 기간과 그 이후에도 늘 방관자의 입장을 떨쳐내기 어렵다. 그렇게 임신, 출산, 육아의 과정에서 아빠들의 수동적인 자세는 어지간하면 깨지지 않는다. 절대적인 존재, '엄마'가 있다 보니 아무래도 마음이 느슨해지고 기껏해야 필요할 때 도움을 주는 조력자 정도로 자신의 역할을 정해 놓기 마련이다. 어떤 업무에서 메인 담당자가 아닌 서브 담당자는 책임감이 덜해서 마음이 편하다. 딱 그 정도가 아빠들에게는 안락하다. 그러나 육아의 세계는 굉장한 날들의 연속이다. 단순히 '필요하면 도와준다.'는 생각으로는 그 험난한 여정을 함께할 수 없다. 아빠의 미온적인 태도를 계속해서 겪다 보면 엄마와 아이는 따로 떨어져 나온 느낌을 받는다. 그러다 아빠는 영화 속 장면처럼 페이드아웃 되고 만다. 길고 긴 육아의 고된 과정에서 아빠의 흔적은 사라진다.

　　　　이런 전형적인 시나리오의 전개를 방지하기 위해서 '사전 아빠 테스트'는 꼭 필요하다. 기존의 엄마들의 사후 임신 테스트와는 좀 다르다. 아빠들의 테스트는 '사전'에 진행되어야 한다. 자녀 계획을 세우는 순간부터 진행되는 이 테스트의 목적은 다음과 같다. '아이를 갖게 되는 것의 의미에 대한 생각을 정리해 보고, 앞으로 어떤 아빠로서 성장할 것인지 미리 고민해 본다.' 무슨 당연한 소리냐고 할 수도 있겠다. 하지만 이런 당연한 과정을 실제로 해본 아빠가 얼마나 될까? 나는 사전에는 물론이고 임신 이후 전혀 손쓰지 못하고 시간이 흐르는 것을 그저 따라가기 급급했다. 제대로 내 마음을 돌아보며 준비하지 못했고 마음의 여유가 늘 부족했다. 아이가 생긴 뒤의 황금 같은 순간들은 아빠가 어버버하는 사이 지나가게 된다. 그러면 어느새 아이는 자라 있고 엄마는 독박 육아로 지치게 되고 이미 아빠는 제외되어 있는 전형적인 케

이스가 되고 만다. 이런 최악의 불상사를 막기 위해 아빠들을 위한 '사전 아빠 테스트'는 중요하다. 아빠들이 임신, 출산, 육아의 과정을 함께할 마음과 생각의 준비가 되어 있는지 미리 확인해 볼 수 있기 때문이다.

　　이 테스트는 아주 간단하다. 다음 질문에 스스로 솔직하게 답을 해보자. '**한 아이의 아빠가 된다는 것에 대한 자신의 생각은 무엇인가?**' 답을 생각할 때 무엇보다도 중요한 것은 진실함이다. 그것이 말도 안 되는 이야기일지라도 진실을 마주해야 한다. 아빠들의 대답은 크게 3가지 유형의 반응으로 예상해 볼 수 있다.

☀ 유형 1. 난 몰라
'아이 기르는 거랑 나랑 무슨 상관이야?'

　　일단 멈추자. 이대로 아빠가 될 수 없다. 이건 아이, 엄마, 아빠 모두에게 좋지 않다. 아빠가 될 준비가 전혀 되지 않았기 때문이다. 한쪽의 완벽한 희생으로 아이를 꼭 길러내고자 하는 것이 아니라면 참아야 한다. 아이가 생기고 나면 자연스럽게 바뀌지 않겠냐는 생각을 할 수 있다. 하지만 내게 묻는다면 '그렇지 않다.'에 전 재산을 걸겠다. 이 경우에는 아이를 갖는 것에 관한 대대적인 의식 전환이 필요하다.

☼ 유형 2. 걱정 부자
'아이가 생기면 모든 삶이 아이 중심으로
돌아간다는데 내가 정말 잘할 수 있을까.'

좋은 출발이라고 본다. 어쩌면 가장 솔직한 입장이지 않을까. 아빠가 되면서 삶의 대부분을 아이에게 할애하며 살아야 하지 않을까 하는 막연한 걱정이다. 그러다 보면 혹시나 내 삶이 덜 행복해지지 않을까 고민이 된다. 그럼에도 불구하고 꼭 아이를 가져야 하는 건지 혼란스러울 수 있다. 확신은 없지만 기본적으로 육아를 생각해보았다는 의미이기 때문에 괜찮은 시작점에 서 있다.

☼ 유형 3. 무한 자신감
'난 좋은 아빠가 되기 위해 모든 것을 할 준비가
되어 있어!'

오히려 이 경우를 조심해야 한다. 우리가 살아오면서 '모든 것을 할 수 있다.'가 '아무것도 할 수 없다.'로 판명되는 것을 얼마나 많이 보았던가. 다시 한번 가슴에 손을 얹고 생각해 보자. 긍정적인 마음가짐에서 나오는 근거 없는 대답이 아닌지 말이다. 자칫하면 현실과 맞닥뜨린 후 생각과 달라서 바로 '1번 유형. 난 몰라'로 나가떨어질 수 있다. 내가 그랬다. 난 만고불변의 3번이었으나 현실과 부딪히며 1번과 2번 유형에서 갈팡질팡하기도 했다.

자, 모두 어떤 유형이 나왔는가? 사실 어떤 답을 했더라도 아빠가 되는 데는 아무 지장이 없다. 이 테스트는 결과만 확인한다고 끝이 아니고 현재 상태를 점검하고 필요한 것들을 미리 준비하는 데 의의가 있다. 우리가 당황하고 실수하고 포기하는 것은 대부분 아무런 준비 없이 예상외의 상황을 맞이했을 때 벌어진다. 하지만 그것을 한번이라도 미리 생각해 둔다면 설명하기 어려울 정도로 큰 차이를 만든다. 이 '사전 아빠 테스트'는 바로 그 지점에서 큰 의미를 가진다. 내가 정말 아빠가 될 수 있는 상황인지 자가 검진을 통해 확인하고 부족한 것을 준비하면 된다. 정말 다행히도 이 과정에서 아빠는 절대 혼자가 아니다. 바로 옆에 인생 끝까지 함께할, 아니 부모가 되는 과정은 꼭 함께할 든든한 파트너인 아내가 있기 때문이다.

'사전 아빠 테스트'의 진짜 목적은 그 결과를 가지고 아내와 생각을 나누는 것에 있다. 아빠가 되는 것에 대한 남편의 생각을 아내에게 들려주고 이것을 계기로 육아 이야기를 함께 시작할 수 있다. 부부 사이에서 육아의 현실적인 이야기를 나누는 것은 생각보다 어려운 일이다. 육아에 대한 생각을 남편이 먼저 꺼내는 것만으로도 상황은 크게 달라질 수 있다. 그렇게 시작된 육아 이야기는 아이를 가지기 전부터 부부관계의 유대감과 신뢰감을 만든다. 실제 육아가 닥쳤을 때 많은 역경과 고난을 겪을 테지만 서로의 생각을 공유하고 있는 부부는 슬기롭게 헤쳐나갈 수 있다. 이런 서로의 생각을 알아가는 과정이 어느 부부에게는 익숙한 것일 수도 있겠지만 어느 부부에게는 많이 어색할 수도 있다. 하지만 괜찮다. 이렇게 육아를 준비하는 과정이 건강하고 행복한 부부로 변할 절호의 기회가 될 테니까.

사라져야 할 '아빠 육아'

아빠는 왜 필요할까?

육아에서 아빠의 역할이 따로 있을까? 우선 '아빠 육아'란 말은 도대체 무슨 의미일까? '아빠 육아'라는 단어 자체가 사실 모든 것의 시작을 알려준다. 왜 그냥 육아라고 하면 될 것을 아빠 육아라는 말이 있을까? '엄마 육아'라는 말을 들어보았는가? 들어본 적이 별로 없을 것이다. 육아라는 말을 듣고 바로 떠오르는 이미지를 상상해 보자. 무엇이 보이는가? 백이면 백 엄마와 아이가 함께 있는 장면일 것이다. 우리 사회에서 육아에 참여하는 아빠의 존재는 '일반적'이지 않다. 이런 인식은 굳이 더 설명하지 않아도 과거의 여러 가지 문화적, 사회적 분위기, 관습 때문이다. 이게 우리나라만의 현상일까? 세계적으로도 육아에서 아빠의 역할은 자주 화두가 되는 주제다.

여러 나라에서 아빠 육아를 강조하고 실천해 나가면서 공동육아에 대한 긍정적인 연구 결과가 쏟아져 나오고 있다. 아빠가 육아에 참여하면 할수록 아이의 정서가 더 발달하고, 심리적으로 안정되고, 행복감이 높아지고, 질병 확률이 낮아지고 등 좋은 결과가 만들어진다는 내용이다. 아직도 기억나는 연구 결과가 있다. 미국에서 가출 청소년이 집으로 돌아가는 결정적인 이유 중 하나가 바로 '아빠와의 유년기 시절 즐거웠던 추억'이라고 한다. 함께 캠핑을 가고, 운동을 하고, 놀러 다녔던 기억 말이다. 내게 대입해서 생각해 보니 어릴 적 아빠와 축구를 하고, 게임을 같이 했던 기억이 뚜렷하다. 빈도가 낮았기 때문에 밀도가 높아지지 않았을까 싶다. 이 연구 결과의 신뢰성을 떠나서 '아빠와의 추억'은 무언가 특별한 의미를 지니는 것이 분명하다.

　　내 윗세대 아빠들의 인식을 보여줄 수 있는 일화가 있다. 한 남자 선배 아이가 태어나서 출산휴가를 사용하고자 50대 남성 팀장에게 말을 꺼냈더니 돌아오는 대답은 이랬다. "네가 애 낳았어?" 육아가 아빠들과 아무 상관이 없다는 것이 그들에게는 당연한 인식이었다. 한 가지 다른 예로, 30대를 공략한 수많은 자기 계발서, 성공 가이드 책들을 보면 자신만의 시간을 가지고 자기 계발을 하라고 되어 있지만 육아에 참여하라는 말은 한마디도 없다. 영역이 달라서 언급을 안 할 수도 있지만 그렇다면 현실적인 책이 아니다. 왜냐하면 30대의 꽤 많은 이들이 육아와 무관하지 않기 때문이다. 그 상황을 고려하지 않고 자신에게 시간을 모두 투자하는 것은 불가능하다. 심지어 아예 엄마에게 육아를 맡기고 그 시간을

100% 활용하라는 책도 있다. 자신의 성공을 위해 육아 따위에 정신과 시간을 쏟으면 안 된다는 것이다. 그러면 그 아이들은? 돈을 많이 벌어서 풍족하게 키우면 행복한 아이들, 행복한 가정이 되는 것인가? 난 그것이 성공이라고 생각하지 않는다.

지금까지 경험한 것으로 정리한 내 생각은 다음과 같다. 육아는 엄마, 아빠가 함께해야 한다. 그 역할과 수준은 사람마다 다를 수 있다. 하지만 육아를 한 사람만의 일로 당연시하면 안 된다. 두 사람의 사랑으로 결혼까지 함께했듯이, 함께 만든 아이를 같이 키워나가야 한다. 출산이라는 과정이 어쩔 수 없는 여성의 몫이라서 그때부터 남성들이 긴장을 놓는지도 모르겠다. 그때도 아빠의 역할은 여전히 존재한다고 믿는다. 아이는 어느 한쪽만의 아이가 아니지 않은가? '그래도 남자인 내가 어떻게 이런 것까지 해?'라는 아빠들의 인식은 다행히 지금 시대에는 점점 달라지고 있다. 나부터 변했다. 아내의 육아휴직 복직과 어린이집 등원 사이의 간격을 위해 딱 3개월만 육아휴직을 사용해 달라는 부탁에 '세상이 무너질까 봐' 거절했던 게 나다. 지금은 육아휴직 1년과 개인 휴직 1년을 모두 사용하면서 많은 것을 느끼고 달라졌다.

우리에게 아빠 육아휴직은 아직도 아빠 육아만큼 낯설다. 엄마들이 사용하는 출산휴가, 육아휴직은 너무 당연하게 치부되는 것이 어쩔수 없는 현실이다. "애를 낳았으면 당연히 엄마가 붙어 있으면서 돌봐야지."라는 말이 익숙한 것처럼 말이다. 왜 엄마가 일터로 돌아가고 아빠가 아이를 돌보면 안 되는 걸까? 같은 상황을 거절했던 나에게 이유를 물어보면 특별한 대답은 없다. 그냥 그러면 안 될 것 같아서였다. 나도 그런 잘못된 인식을 온몸으로 받으며 살아왔기 때문이다. 언젠가 '아빠 육아'라는 말이 완전하게 없어지는 날이 오기를 바란다.

아빠 언저리의 남자들

누가 누가 더 관심 없나 컴피티션

아이가 생긴 후 듣기 싫은 말이 하나 생겼다. "애 생기면 인생 끝이야!" 끝? 끝이라니? 그럼 우릴 키워주신 부모님은 우리 때문에 모두 인생을 망치셨나? 적어도 내 경험을 돌아보자면 그런 말을 하는 사람 중에 가정이나 아이를 제대로 돌보는 사람은 없었다. 육아에 대한 관심과 노력이 거의 없는 이가 내뱉는 근거 없는 말이 불편했다.

오히려 가정과 일 모두에 충실해 보이는 이는 그런 이야기에 동조하지 않았다. 조용히 듣고 있다가 한마디를 보태곤 했다. "모든 일에는 장단점이 있지요. 아이와 함께 지내는 것에도요. 다른 것은 몰라도 자라나는 아이를 보는 기쁨은 어디서도 느낄 수 없는 행복이에요." 물론 인생 끝났다고 외치던 이들은 이런 말을 들으려고도 이해하려고도 하지 않는다. 아이 생기는 것이 마치 <아마겟돈>과 <아포칼립스>처럼 종말로 몰고 가는 최후의 전투인 양 열변을 토하기 바쁘다. 이런 이들이 언제 그런 인생 마지막 전투를 접하는지에 대한 궁금증이 든다. 야근을 밥 먹듯이 하고 술자리에서도 늘 2차, 3차를 부르짖고 주말이면 회사나 친구들이 편하다고 집에서 나와 있는데 말이다. 이들을 옆에서 보면 실제로는 전혀 모르면서 소설처럼 지어내 떠드는 것은 아닐까 하는 의구심을 깨끗하게 지우지 못한다.

이렇게 아빠가 되지 못한 '아빠 언저리의 남자들'이 만들어낸 쓸데없이 험악한 분위기가 분명히 존재한다. 이는 꽤 영향력이 있는 분위기라 사람을 충분히 압박하고 좌지우지할 수 있다. 아빠가 되는 것이 인생 최악의 걸림돌이자 실수인 양 몰아가는 환경은 이 사회의 남자들이 진짜 아빠가 되는 것을 막아서고 딴지를 건다. 실제로 이들의 영향력이 얼마나 대단한지 아빠가 되는 과정에서 낱낱이 살펴보자. 이는 모두 내가 직접 듣고 뭔은 실제 우리 주변의 이야기다. 성식물이 아닌 실화라는 점을 명심해 달라.

☀ 1단계: 아빠가 되기 전

이때가 가장 혼란스럽고 불안정하다. 온갖 기괴한 소문과 무시무시한 전설이 입으로 전해지며 마음을 복잡하게 만든다. 아이가 생기면 내 인생이 끝이 난다는데 이 말을 듣고 가만히 있기 쉽지 않다. 이 단계에서 아빠 언저리의 남자들의 활약은 대단하다. 남자들의 세계에서 선배와 형님의 말은 바로 옆 여자친구나 아내의 말과는 또 다른 차원의 무게를 지니기 때문이다. 이런 중압감에 시달리는 이들의 실제 진술을 많이 들어왔다.

> '여자친구랑 결혼해서 살고 싶은데 육아가
> 두려워서 결정을 못 내리겠어.'
> ☞ 결혼을 고민하는 남성
> '신혼 시절에는 마냥 좋은데 아이가 생기면
> 행복하지 않을까 봐 걱정이야.'
> ☞ 자녀 계획을 망설이는 예비 신랑
> '원래 이쯤 해서 아이를 가지려고 했는데 주변에서 워낙
> 겁을 주고 잘 생각해 보라고 해서 고민이야.'
> ☞ 딩크족을 고려하는 신혼 남성

이들의 공통점은 모두 아이가 생기는 것에 대한 부정적인 말을 과하게 복용한 상태라는 것이다. 그래서 모두 아빠가 되기 전부터 뭐가 뭔지 잘 모르겠는 상태에서부터 일단 공포심을 가지고 회피하고 미루게 된다. 양쪽의 이야기를 충분히 들어보지도 못하고 제대로 된 고민 없이 지레짐작하여 무관심해지고 포기에 이르기도 한다. 더 안타까운 것은 아이를 가지고 싶고, 아빠로서 아이와의 관계를 쌓고 싶어 하는 희망과 목표를 가진 경우에도 주변에서 가만두질 않는다는

것이다. 그건 잘 몰라서 하는 이상적인 이야기라며 실제로는 완전히 다른 세계라며 현실을 꼬집어 주겠다고 난리다. 옆에서 보고 있으면 나만 모르는 아빠 탄생 방지 위원회라도 있나 싶기도 할 정도. 그 집의 아이는 도대체 어떻게 크고 있을까 하는 걱정 어린 생각까지 미치기도 한다.

✵ 2단계: 아빠가 되면서

그래도 소신 있게 어려운 옷자락 잡고 늘어지는 과정을 헤쳐 나와 아빠가 되기도 한다. 아이가 태어난 후 생전 처음 접하는 과정을 겪으면 이리저리 당황하게 마련이다. 새로운 생명을 키우는 일을 통해 몸과 마음이 혼란스러운 것은 당연하다. 늘 웃음과 행복만 가득할 것이라는 기대는 금방 깨지게 된다. 이렇게 예상과는 많이 다른 흔들리는 시간을 맞이하게 되면 괜히 아이 낳는 것을 죽자고 말리던 인생 선배들의 이야기가 생각나면서 후회가 되기 시작한다. 그러면서 하나둘 좋지 않은 생각과 마음을 갖게 된다.

'애가 생기면 늘 행복할 줄 알았는데 잘 모르겠어.'
☞ 행복한 아빠를 꿈꿨던 남성
'잠을 제대로 잔 적이 없는 것 같아. 늘 피곤해.'
☞ 볼 때마다 하품을 달고 사는 남성

'내 집에서 마음대로 지내질 못하니 답답해. 아내
눈치도 봐야 하고 죽겠어.'
☞ 아이가 생겨 불편한 남성

어린아이가 세상에 적응하려면 어른인 부모의 전적인 지원과 보살핌이 필요하다. 이런 당연한 인식이나 필요성을 제대로 알지 못한 채 아이를 마주하게 되면 이 모든 상황이 힘들어진다. 실제로 얼마나 육아에 힘을 쏟고 있는지와 무관하게 아이의 존재만으로도 힘겨워한다. 초보 아빠들의 힘들어하는 상황을 발견하면 아빠 언저리의 남자들 부대는 득달같이 달려든다. 역시 자기들 말이 맞지 않냐고, 그렇게 말렸는데 결국 저질렀냐며, 똥을 꼭 먹어봐야 아냐고 떠들어댄다. 그렇게 어이없는 승리감에 도취한 그들의 말에 쓸려가듯 휩쓸린다. 누구도 육아의 위대함, 고결함, 중요함을 일깨워 주지 않는다. 누구도 필요한 지식과 노하우를 전하지 않고 격려하고 응원하지 않는다. 그렇게 하나 둘 지쳐 쓰러지면서 아이와 멀어지는 길로 몰려가게 된다.

☀ 3단계: 아빠 졸업

아빠 언저리의 남자들이 대거 탄생하는 단계다. 아빠로서 졸업을 했다고 으스대는 순간이다. 졸업이라는 말은 어떤 과정을 마쳐서 그것에 통달하고 익숙해짐을 말한다. 그러나 '아빠 졸업'을 외치는 이들은 그런 의미가 아니다. 그저 이제 아이에게 신경을 쓰지 않아도 된다고 자랑하기에 바쁘다. 이런 아빠들은 아이들이 적당히 컸다고 판단되는 초등학생 고학년 이후에 많이 등장한다. 부모로서, 그리고 아빠로서의 졸업이란 없다. 그때그때 역할이 달라질 뿐이다. 역할이라는 것을 제대로 해본 적이 없기에 졸업이라느니 해방이라느니 되지도 않는 말을 뱉어낼 수 있는 것이다. 커가는 아이와의 관계를 전혀 고려하지 않는다. 애초부터 관계를 만들려고 애쓰지 않았기에 딱히 관계라는 것이 없는 것도 문제다. (그들은 이것을 자유라고 여기겠지만) 이런 이들의 뽐내기는 자신들의 무관심이 얼마나 컸는지로 드러낸다.

'난 아무것도 안 했는데 벌써 애가 다 컸더라고. 하하.'
☞ 스스로를 대견해하는 남성
'남자가 애까지 신경 써야 하나?'
☞ 무언가 더 중요한 일이 있다는 남성
'애가 다 커서 이젠 나랑 말도 안 해줘. 이제 내 시간이 많고 좋지 뭐.'
☞ 사라진 관계를 애써 외면하는 남성

이렇게 탄생한 아빠가 아닌 아빠들은 엄청난 인생의 과업을 달성한 것처럼 스스로가 자랑스럽다. 큰 무리 없이 고통 없이 아이를 키워낸 자신감에 가득 차서 새로운 먹잇감을 찾아 서성인다. 아빠가 되기 전 새로운 희망에 부풀어 있는 남자들이 희생양이 된다. 제대로 경험도 하지 않은 육아의 고통을 온갖 과장을 덕지덕지 붙여서 공포심을 유발한다. 조금의 노력도 없이 남에게 맡겨 지나온 과정인데도 어렵게 넘긴 척 부풀려 자랑한다. 아빠 언저리의 남자들의 영향력은 굉장히 끈끈하고 강력하게 이 사회를 지배한다. 아이, 육아와 남자, 아빠를 떼어놓고 분리하는 데 많은 공을 기울인다. 그렇게 새로운 자기 무리를 만들어낸다. 세력을 계속 부풀려 간다. 이런 악순환은 과거부터 지금까지 지겹게 반복되고 있다.

　　누가 누가 더 관심 없는지 경쟁하는 분위기로는 누구도 제대로 된 아빠가 될 수 없다. 서로의 무관심만 부추기는 관계는 아빠로서의 하향평준화를 초래할 뿐이다. 그렇다고 먹고 살기 위해 하는 일까지 제쳐두고 아이에게만 몰두하라는 말이 아니다. 최소한 그것들과 동등한 시선으로 육아를 바라봐야 한다는 말이다. 그 아이의 아빠라는 역할은 어느 누구도 대체할 수 없다. 인생에서 나만이 할 수 있고 해야 하는 자리가 있듯이 그 아이의 아빠는 그 아빠가 해야 한다. 다른 곳에서의 내 역할과 마찬가지로 똑같이 중요하다.

　　아이가 생긴 후, 제대로 된 이야기를 해주는 아빠가 내 주변엔 없었다. 그래서 고레에다 히로카즈 감독의 영화인 <그렇게 아버지가 된다>를 직접 찾아보게 되었다. 아버지에 대한 역할과 아이와의 관계에 대해 생각해 보게 하는 내용을 담고 있다. 기억나는 대화를 하나 빌려 온다. 아빠가 되기 전의 주인공은 이렇게 말한다. "회사에는 내가 없으면 안 되는 일이 있다." 이미 아빠인 다른 등장인물은 그 말에 이렇게 대답한다. "아버지라는 일도 그렇다."

　　　남자들은 모두 처음엔 아빠로서 미완성인 상태다. 불완전함을 완전함으로 이끌기 위해서는 부족함을 제대로 인식해야 한다. 지금처럼 아빠로서의 부족함을 뽐낼 수 있는 사회는 모두를 안타깝게 만들 뿐이다. 당연한 불완전함을 인정하고 필요한 부분을 찾아가는 데 힘을 합쳐야 한다. 아빠라는 역할을 정정당당하게 마주하는 자세를 가질 수 있는 분위기가 필요하다. 아니라면 언제까지나 우리 남자들은 아빠의 언저리에 존재하는 부족한 남자로 머무르게 된다. 최소한 미완성으로서의 아빠를 권장하는 분위기는 어서 빨리 사라져야 한다. 온전히 한 아이의 아빠가 되는 것은 절대 인생의 종말을 부르지 않는다.

아빠들은 다 어디로 간 걸까?

육아일기에는 아빠가 없다

　　이제 SNS에서 '육아일기'는 아주 흔한 소재가 되어 버렸다. 아이가 태어난 뒤 누구나 한 번쯤은 시도해 보았을 정도로, 소중한 순간을 남길 때 쉽게 떠올리는 방법이다. 갓 태어난 아기부터 쑥쑥 커가는 아이들까지 그 성장을 담은 이야기는 그 자체로 의미가 크다. 기본적으로 육아일기의 일차적인 목적은 그 과정의 기록에 있는 것이 맞다. 부모와 아이와의 소소한 일화부터 상호 교감의 순간까지 놓치기 아까운 귀중한 순간이 적혀 있다. 이것을 외부로 드러내고 공유하게 되면 놀라운 현상이 벌어진다. 개인적인 육아 이야기가 나와 유사한 상황의 타인을 이어주는 매개체가 된다. 생전 처음 보고 앞으로도 볼일이 없을 테지만 쉽게 공감대를 형성하고 이야기를 나눌 수 있다. 모두 하나의 생명을 키워나가는 결코 쉽지 않은 상황을 함께하는 동료로서 말이다. 이렇게 생각을 나누는 것은 부차적이지만 꽤 중요한 목적이다. 육아는 필연

적으로 힘들기 때문에 다른 사람의 공감과 응원을 받으면 큰
힘이 난다. 이것이 실제로 SNS에서 육아일기를 5년째 써 내
려가고 있는 나의 경험이자 판단이다.

오랫동안 SNS를 통해 다른 분들의 육아일기를 많
이 접해왔다. 그러면서 느낀 한 가지 아주 특이한 점이 있다.
바로 육아일기에는 늘 아빠가 빠져 있다는 것이다. 나처럼 아
빠가 직접 작성하는 육아일기의 수가 적다는 이야기를 하는
것이 아니다. 엄마가 적어가는 육아일기 안에 아빠가 없다는
이야기다. 그들은 아주 가끔 육아의 파트너로서가 아닌 미움
의 대상으로 등장한다. 육아에 대한 아빠의 역할이 기대에
미치지 못해 아쉬운 마음과 함께. 남편에 대한 감정을 미움
에서 포기로 바꾸며 유머로 승화시키는 경우도 있다. 웃음이
나다가도 곧 침울하고 씁쓸해진다. 아니면 아예 아빠가 언급
되지도 않고 맥락상 고려되지 않기도 한다. 예를 들면 아이가
아파서 데리러 가야 하거나, 일이 생겨 아이를 맡겨야 할 때처
럼 아빠가 등장하면 해결될 상황인데도 아빠가 없으니 전혀
다르게 흘러간다. 몇몇 육아일기를 보면서 혼자 생각하기도
했다. '아, 요즘엔 한부모 가정도 많으니까 너무 내 기준으로
만 판단하면 안되겠구나.' 그러다가 가끔 충격을 받는다. 없는
게 아니었다. 실제로는 있지만 육아일기에는 없었다.

육아는 키우는 기쁨과 별개로 육체적으로도 정신적
으로도 고된 시간의 연속이다. 늘 예의 주시해야 하는 하나
의 생명체를 돌보는 것에는 육체적인 체력이 많이 필요하다.

이보다 더 힘든 부분은 정신적인 체력이라고 말하고 싶다. 한 아이의 성장을 맡았다는 부담감은 어마어마하다. 아이는 눈앞에서 나를 복사하며 커간다. 매 순간이 고민과 선택의 연속이며 후회와 반성이 계속된다. 심지어 이런 생각을 할 여유도 없이 육아는 계속된다. 그렇기 때문에 무조건 하나보다는 둘이 낫다. 둘이 되면 우선 몸이 편해지고, 몸이 편해지면 정신적인 여유가 생긴다. 혼자 했던 고민을 서로 나누며 의논하고 함께 고민할 수 있다는 장점도 있다. 이렇게 육아의 파트너가 되는 것은 부부관계에도 도움이 된다. 함께 성장해 나가는 동지, 전우로서의 끈끈함을 사랑 외의 추가적인 감정으로 얻을 수 있기 때문이다. 그렇지만 둘이 아닌 철저한 하나가 된다면 신뢰는 물론 가지고 있던 애정마저 사라질 수 있다.

아빠가 사라진 육아일기에는 엄마 혼자 고민하고 자책하고 힘들어하는 이야기가 계속 등장한다. 육아의 힘든 시간은 불가피한 과정이지만 아빠가 그 과정에 전혀 흔적도 없는 것이 안타깝다. 아빠와 함께하면서 위로하고 공감하며 앞으로 나아갈 힘을 얻어야 하는데 아예 아빠는 육아에 배제되어 있다. 함께할 수 있다는 가능성 자체가 사라진 그 곳에는 아빠도 없고 서로에 대한 사랑도 없다.

나는 늘 조심스럽다. 내가 보고 접한 것이 전부는 아니겠지만 육아에 참여하는 아빠가 아주 적고, 거기서 발생하는 문제점이 많기 때문이다. 그래서 아빠가 없는 육아일기를 읽고 소통할 때면 신경이 많이 쓰인다. 어설픈 위로가 독이 될 수 있기 때문에 응원을 하거나 해결책을 제시하는 것도 쉽지 않다. 그렇다고 무조건 아빠와 함께 육아를 하라고 조언할 수는 없다. 몰라서 안 하는 게 아닐 것이기 때문이다. 남의 생각을 바꾸고 나아가 행동을 변화시키는 것은 불가능에 가깝다.

사회에서 만난 윗세대 아빠들의 마인드는 이랬다.
'난 애 키우는 건 잘 몰라~ 지가 알아서 크는 거지.'
'애 엄마가 알아서 하겠지. 난 돈 벌어야지.'
'그런 건 여자가 하는 거야. 남자는 밖에서 큰 일 해야지.'

이처럼 육아에 신경을 쓰는 것 자체가, 아니 육아를 입에 담는 것 자체가 '남자'답지 못하다는 식이다. 가정과 육아에 무관심할수록 더 남자다우며 성공적인 결혼 생활을 한 것으로 으스대던 시절이 있었다. 아식노 이런 생각을 갖고 있는 사람들은 없을 거라 믿고 싶지만, 내 주변에도 여전히 있고 육아일기에 등장하지 않는 아빠들도 크게 다르지 않을 거라 짐작해 본다. 사람은 스스로 깨닫고 움직이지 않으면 변화할 수 없다는 걸 알기 때문에 뭐라 해줄 말이 없다.

모두가 나와 같지 않다는 것을 알게 되면서 여성과 가족에 관련된 정보를 종종 찾아보게 되었다. 나도 아직 많이 부족하기 때문이고 더 나아가서 혹시 주변에 도움과 영향을 줄 수 있을까 싶어서다. 그러다 세계 여성의 날에 UN 연설 회장에 서 있는 배우 앤 해서웨이의 영상을 보게 되었다. 간단히 요약하면 '여성만이 가정과 가족을 지켜야 한다는 전제와 관행은 여성을 차별하는 것이며 어머니에게만 부담을 주는 일이다.' 정도가 되겠다. 연설 속에서 가장 인상 깊었던 장면이 있다. **"여기 있는 아빠들 중 아이들의 성장을 충분히 보고 있는 아빠가 얼마나 있나요?"**라는 질문이 던져진 순간의 장내의 어색한 분위기와 그곳에 있던 아빠들의 민망한 표정이 바로 그것이다. 육아에 진심으로 임하는 아빠들이 적다는 현재 상황을 충분히 보여주고 있었다. 아빠들은 그만큼 아이들의 성장에 관심이 부족했다.

왜 우리 머릿속에 아이 곁에 있는 사람은 늘 엄마일까? 아빠는 왜 육아에서 항상 조연이나 엑스트라일까? 언제까지 그 차이를 생물학적으로만 이해해야 할까? 분명 아빠에게도 아빠만의 역할이 있다고 믿는다. 물론 그 방식과 정도는 다르겠지만 더 이상 아빠가 존재하지 않는 존재로 육아에서 제외되지 않아야 한다. 아이는 아빠와 엄마가 함께해야만 탄생한다. 아이가 자라는 과정에도 아빠와 엄마가 모두 필요하다. 나와 가장 가까운, 나만 바라보는 사람이 나를 필요로 한다는데 그 어떠한 이유와 핑계도 이를 넘어설 수 없지 않을까? 더 많은 아빠들이 육아일기에 등장하기를 진심으로 바라본다.

워킹맘의 반대말은?

워킹데드 or 워킹대드

　　'워킹맘'이라는 말이 있다. 초록색 창에 검색하면 바로 그 뜻을 명확하게 알려준다. 워킹맘, 일과 육아를 병행하는 여성. 더할 나위 없이 깔끔한 설명이다. 검색 후에는 연관 검색어에 상대되는 말 '워킹대드'가 나타나면 클릭 한 번으로 뜻을 찾으려 했으나 나오지 않는다. 이상하나. 아주 귀찮시민 다시 열심히 키보드를 두드려 본다. <워킹데드Walking Dead: 좀비로 가득한 세상에서 살아남은 생존자들의 사투를 그린 드라마>. 눈을 의심하게 된다. 오탈자를 자동으로 인식하여 적절하게 고쳐서 찾아주는 기능에 의해 '워킹대드'를 검색한 결과가 나왔다. 이게 워킹대드의 적나라한 현주소다. 일과 육아를 병행하는 남성의 존재가 좀비의 존재보다도 더 비현실적이라는 게 우리 사회의 현실이다.

　　그동안 워킹맘이라는 단어는 여기저기서 정말 많이 들어봤다. 실제로 이에 해당하는 여성 본인도 자신을 그렇게 소개하고, 주변에서도 자연스럽게 그렇게 부른다. 하지만 워킹대드라고 불리는 사람은 본 적이 없다. 참 이상하다. 엄마가 있다면 당연히 아빠가 있을 텐데 왜 워킹대드라는 말은 없을까? 모두 외벌이 가정인가? 아니면 싱글맘? 아닐 것이다. 일하는 아빠들의 사무실 책상에는 대부분 사랑스러운 자식들 사진이 놓여 있다. 분명히 워킹맘에는 짝꿍 워킹대드가 있다. 하지만 그 말은 실재하지 않고 누구도 사용하지 않는다. 왜 이런 현상이 벌어진 걸까? 이런 비대칭 구조는 대칭 구조에 적합한 내 머릿속을 복잡하게 만들었다.

'워킹맘'이라는 글자와 그 뜻을 다시 한번 들여다보았다. 그리고 글자와 뜻을 연결지어 보았다. '워킹'은 '일'에, '맘'은 '육아'에 연결이 된다. 다음으로 대드라는 말을 떠올려 봤다. 육아라는 의미가 선뜻 떠오르지 않았다. 오히려 전혀 관련 없는 '일'이라는 뜻이 딸려 나왔다. 내 의식 속 '아빠'라는 말 자체에 '일'이라는 의미가 내포되어 있었다. '일하고 일하는 사람'. 이렇게 동일한 뜻의 중복이기 때문에 애초에 탄생할 수 없는 단어였다. 이 단어는 일과 육아를 병행하는 남성이라는 뜻과는 연결하기 어렵게 느껴진다. 아빠라는 말이 육아와 연결되어 있지 않았기 때문이다. 이 정도면 사회적 인식까지 반영한 인공지능 검색 능력을 갖추고 있는 초록색 창을 칭찬할 수밖에 없다.

수많은 워킹맘이 있지만 워킹맘의 남편은 워킹대드가 아니다. 일과 육아를 함께하는 엄마는 있지만 일과 육아를 함께하는 아빠는 없다. 이쯤 되면 정말 혼란스럽다. 차라리 일과 육아를 병행하는 것은 불가능하기 때문에 한쪽은 일만 하고 다른 쪽은 육아만 한다면 이해가 된다. 하지만 왜 엄마는 둘 다 할 수 있고 아빠는 둘 다 할 수 없는 것인가? 아빠는 능력이 부족한가? 제도가 뒷받침되지 않아서인가? 워킹대드의 부재는 육아의 세계에서 아빠들의 지속적인 부재를 의미한다. 회사에서 워킹맘을 만나면 육아에 대해서 묻지만 일하는 워킹대드에게는 묻지 않는다. 암묵적으로 남자 직원은 육아와 관련이 없다고 인정하는 분위기다.

언제까지 아내에게 모든 것을 짊어지게 할 셈인가? 이젠 좀 민망할 때도 되지 않았는가? 다른 쪽에서는 일과 육아 두 가지를 해낸다는데 그저 일 하나만으로도 허덕이는 게 창피하지 않은가? 왜 두 가지를 함께할 생각도 시도도 하지 않는가. 일만 하는 아빠였던 난 그 이유를 너무도 잘 알고 있다. 이유는 단순하다. 일만 하는 게 편해서 그렇다. 모든 육아에 대한 것을 아내에게 미뤄두면 삶이 너무 편해진다. 자식과 아내의 불편함은 모른척하더라도 내가 불편해지는 상황은 만들고 싶지 않은 것이다. 편안함에 중독된 일하는 아빠들의 연대는 아주 오랫동안 이 사회를 제압해 왔다. 워킹대드의 생존자들보다 훨씬 더 끈끈하고 비밀스러우며 단단한 그 연대 말이다. 심지어 이 연대는 워킹맘이라는 말에 부정적인 의미를 더해오기도 했다. '육아에 충실하지 않고 엄마의 욕심으로 일까지 하는 여성'이라고 몰아세우며 그들을 집으로 돌려보내기 위해 애써왔다. 편안한 자신들의 역할을 공고히 지키기 위해서 육아는 엄마에게만 붙여두는 데 최선을 다했다.

다행히 이제 세상은 많이 바뀌고 있다. 아빠도 육아에 참여해야 한다는 사회적 여론이 생겨나고, 이를 현실적으로 뒷받침하기 위한 제도도 하나둘씩 시행되고 있다. 이런 변화에 힘입어 나처럼 육아휴직을 내는 아빠들도 실제로 생겨나고 있다. 하지만 많이 부족하다. 사회 분위기도 제도도 그렇지만 가장 부족한 것은 아빠들 개개인의 인식 전환이다. 갑자기 하루아침에 모든 아빠가 육아휴직을 내겠다고 나설 수는 없다. 늘 그래 왔듯이 누군가 먼저 행동해야만 다른 이들이 따라올 수 있다. 분명히 '함께하는 육아'에 대해 같은 생각을 가진 일하는 아빠들이 있을 것이다. 그중 누군가의 용기 있는 행동으로 변화는 시작된다. 다른 사람이 해주길 기대하지 말고 자신의 생각대로 한걸음을 먼저 내디뎌 보면 어떨까? 내 발자국이 뒤를 따라오는 이들에게 선명한 이정표가 된다는 것. 얼마나 가슴 뛰는 일인가! 언젠가 일하는 아빠들의 대화에 자연스럽게 이런 질문이 오고 가지 않을까? **"넌 언제 육아휴직 쓸 거야?"** 앞으로 일하는 아빠들의 연대는 음지에서 이렇게 밝은 곳으로 나와 긍정적으로 활용되어야 한다.

워킹대드와 워킹맘은 절대적으로 상호의존적이다. 워킹대드가 없으면 워킹맘도 점점 사라진다. 두 가지를 혼자 병행하는 것은 정말 어렵기 때문에 결국 육아를 선택하고 일터에서 물러나는 것이다. 육아를 함께하는 워킹대드의 존재만큼, 딱 그만큼만 워킹맘이 존재할 수 있다. 일하는 아빠들이 "난 워킹대드야."라고 자연스럽게 말할 날이 와야 한다. 아니면 우린 앞으로도 계속 원하지 않는 좀비 드라마를 검색 결과에서 보게 될 것이다.

난 앉아서 싼다

남자로서의 자존심은 어디에?

　　나는 화장실에 들어가면 앉아서 이용한다. 참고로
난 남자다. 큰 것일 때는 당연히 앉아서 이용하고 작은 것일
때도 앉아서 이용한다. 바지 앞 지퍼만 내리는 것이 아니라 바
지를 무릎까지 내린다. 그리고 편안하게 걸터앉는다. 누군가
는 여기까지만 말해도 무슨 상황이며 어떤 이유인지 고개를
끄덕일 것이다. 오히려 당연한 것을 굳이 시간 낭비, 글자 낭
비하며 늘어놓는 거지? 하는 사람도 있을 수 있다. 하지만 팔
짱을 꽉 낀 채 못마땅하게 노려보고 계시는 분들이 분명히
있을 테다. 눈살은 있는 대로 찌푸려져 있고 도대체 알 수 없
다는 표정으로 이게 무슨 소리냐고 하면서 말이다. 정말 몰랐
다. 최근에서야 이런 내 습관이 누군가에게는 상상조차 못 할
짓에 가깝다는 것을 알게 되었다. 그래서 제대로 된 설명과
설득을 해야겠다고 마음먹었다.

　　우선 당신은 집안일의 어느 부분을 맡아서 하는가?

혹시 그중 청소가 담당인가? 청소 담당이라면 화장실 청소도 해보았는가? 나는 화장실 청소를 주로 도맡아서 했고 자주는 아니어도 1~2주에 한 번 전용 세제로 1시간씩 열심히 닦았다. 오히려 휴직 후에는 화장실 청소를 내려놓았다. 역할을 바꾸면서 내가 맡은 집안일의 영역이 늘어나기도 했고, 내가 하기 전에 아내인 파랑이 먼저 하게 되면서 화장실 청소는 파랑의 담당이 되었다. 막무가내로 화장실 청소에 대해 게으름을 피운 것은 아니다. 나에게는 믿는 구석이 있었다. 어느 순간부터 당연해진 '앉아서 싸기'가 바로 그것이다.

　　　남자가 작은 일을 볼 때 인정사정없이 튀는 것을 알고 있는가? 무슨 짓을 해도 서서 이용하면 무조건 사방으로 튄다. 조준을 잘하건 못하건 간에 물리학적으로 그렇다. 발사하고 부딪히면 튕겨져 나온다. 당연한 이치다. 그렇게 온갖 곳으로 튀어 나간 물줄기 때문에 화장실 가득한 지린내를 맡을 때 기분이 어떤가? 잘 모르겠다면 관리가 잘 되지 않은 공공 화장실의 그 불쾌한 냄새를 떠올려보자. 절대 집안에 존재하길 바라는 쾌적한 향기가 아니다. 집에서 화장실 청소를 해본 적이 없다면 전혀 모르고 살 수도 있겠다. 그저 급한 일만 해결하고 뒤를 돌아보지 않으면 그 이상은 보이지 않을 테니까. 내가 할 일이 아니라면 나만 편하면 그만이니 말이다. 나도 결혼 전에 서서 싸는 동안은 그렇게 살았다. 심지어 결혼 후 화장실 청소를 하면서도 이 냄새가 나 때문인 줄은 몰랐다. '튀어 봤자 얼마나 튀겠어?'라는 마음이었다.

앉아서 싸기는 우리 집에 새로운 식구가 생기면서부터 시작되었다. 작고 깨끗한 새 생명과 함께 살아가게 되면서 주변을 보는 감각이 달라졌다. 보이지 않던 더러움이 보이고, 나지 않던 냄새가 나기 시작했다. 당시 살던 집의 화장실은 욕조와 변기가 함께 있는 구조였다. 내 아이에게 조금이라도 더 깨끗한 환경을 만들어주기 위해 하나라도 더 애쓰던 때였다. 그때 그런 자발적 동기가 나를 변기에 앉게 만들었다. 전에는 몰랐던 화장실 냄새에 민감해졌다. 신경 안 쓰던 것들이 보이기 시작하니 행동이 달라졌다. 앉기 시작하면서 사방에 물줄기가 튀지 않게 되자마자 냄새가 사라졌다. 화장실 청소는 내가 해야 하는 게 맞았다. 나 때문에 그 냄새가 났던 것이니까. 이젠 앉아서 이용하는 덕분에 화장실에 들어가도 냄새가 거의 나지 않는다. 외관상 보이던 누런 자국도 거의 없다.

누군가는 내가 앉아서 싼다는 말을 듣고 엄청나게 분개하며 이렇게 말했다. "남자의 자존심도 없냐!" 앉아서 싸는 것으로 사라질 자존심이라면 없는 게 낫다. 차분하게 이유와 장점을 이야기해 주었지만 소 귀에 경 읽기가 따로 없었다. 예상했다. 집안일과 자신을 별개의 존재라고 생각하는 이는 아무리 자세히 설명해 주어도 이해하지 못한다. 그러기 위해 말을 꺼내는 것은 시간과 체력 낭비다.

이제 점점 아들이 크면서 서서 싸기의 흔적이 생기고 있다. 아들이 더 커서 사리 분별이 가능할 때 파랑과 상의해서 알려 줄 생각이다. 오히려 순백의 아이들에게는 이런 이야기가 통한다. 혹시 서서 싸는 것이 남자의 자존심이니 뭐 그런 것들로 여겨진다면 조금 가라앉히고 정말 내가 내세울 게 이런 것 밖에 없는지 생각해 보자. 자존심은 좀 더 의미 있는 것에 두는 것이 낫다. 나도 모르게 내게 들어와 있는 괜한 선입견, 고집에 두는 것이 아니다.

　　　　앉아서 싸면 정말 편하다. 튀지 않아 냄새가 나지 않는다. 화장실 청소를 자주 안 해도 된다는 장점도 있다. 나의 사소한 변화로 집안의 모든 이들이 두 팔 벌려 반겨줄 것인데 안 할 이유가 있을까? 심지어 잃을 것은 전혀 없고 얻을 것 밖에 없는 변화인데? 설마 정력이 줄어드느니 그런 검증되지 않은 핑계를 들이대진 않으리라 믿는다. 정력은 건강한 신체와 정신에서 나온다. 나만 아는 태도보다는 다른 사람을 배려하는 따뜻한 이해심이 더 도움이 되지 않을까?

　　　　오늘 한번 가족들 모두 모여 앉아서 싸기에 대힌 도론을 벌여보자. 신년 목표로 매번 반복하기도 지겨운 금주, 금연, 영어공부, 운동 이런 거 말고 바로 실행할 수 있는 이것은 어떨까? 얼마나 매력적인가!

그렇게
아빠가 된다

아이만 태어나면 아빠가 되는 줄 알았지

근거 없는 자신감이 불러오는 비극

　　남자들이 흔히 하는 착각의 순간이 있다. 바로 샤워 후 거울로 자신을 비춰볼 때다.

　　'흠···. 그래 나 정도면 정말 괜찮지!' 황당무계한 자신감이 뿜어져 나오는 순간이 내겐 한 번 더 있었다.

　　'흠···. 그래 나 정도면 정말 괜찮은 아빠지!' 처음 아빠가 되자마자 한동안 이 착각 속에 살았다. 앞서 소개한 '사전 아빠 테스트'의 결과는 당연히 3번 유형인 '무한 자신감'이었다. 좋은 아빠가 되기 위한 모든 준비가 끝났다고 믿었다. 무조건 다 잘할 수 있다고 아빠가 되기도 전부터 그랬다. 나처럼 준비된 아빠는 세상 어디에도 없을 거라고.

　　이 모든 게 허황한 착각임을 깨닫는 데는 오래 걸리지 않았다. 심지어 자신감과 무지함이 공존할 수 있다는 것을 깨달았다. 그리고 그 조합이 얼마나 위험할 수 있는지도 알게 되었다. 나와 같이 의지는 충만하지만 아는 게 없어서 초심이 사그라드는 슬픈 일은 막아야 한다. 마음은 앞서지만 계속되는 실수에 의욕이 뚝뚝 떨어지고 결국 나가떨어져서 평생 남의 일처럼 여기는 남(의) 편이 되는 일은 없어야 하니까.

막상 아이가 태어나서 아빠가 되어도 뭐가 크게 달라진 건지 잘 모른다. 아빠가 되었다고 부푼 마음만큼 나서 보지만 정작 할 수 있는 게 별로 없다. 갓 태어난 아기를 엄마 품에서 떼어내 아빠가 할 수 있는 일은 많지 않다. 모유 수유를 도울 수도 없고 그렇다고 젖몸살을 해결해 줄 수도 없다. 어찌 되었든 처음에는 엄마를 중심으로 아이는 자란다. 갓 태어난 엄마와 아이 사이는 견고한 성 같다. 아빠가 들어갈 틈이 전혀 없어 보인다. 그러면 곧 '나는 누군가? 또 여긴 어딘가?' 하며 멍해질 수 있다. 이런 상황에서 의욕만 앞선 아빠는 조금 진정하고 상황을 바라볼 필요가 있다. '남편-아이-아내' 그 안엔 분명히 아빠가 할 수 있는 역힐이 있다. 아빠만이 할 수 있고 해야 하는 부분이 꼭 존재한다.

앞으로 소개할 나의 경험은 아이가 태어나서부터 처음 어린이집을 가는 순간까지, 만 0세에서 2세까지의 기간에 대해 다룬다. 모든 일의 처음이 중요하듯이 이때 아빠의 행동과 태도가 앞으로의 관계 형성에 큰 영향을 끼친다. 우선 이 기간의 상황 조건을 집에 있는 엄마와 일하는 아빠로 설정한다. 엄마에게는 임신 때와는 완전히 다른 차원의 세상이 온종일 쉴 새 없이 펼쳐진다. 아빠에게는 뭔가 많이 달라진 것 같지만 체감이 잘 되진 않는다. 새로운 식구가 생겨 같은 집 안에 살기 시작했는데 아직 인사도 제대로 나누지 못한 상태라 어색하다. 이미 아이와 엄마는 친해진 상태고 나만 뭔가 어정쩡하다. 나와 원래 친했던 아내는 나를 돌아볼 여유가 없다. 이러지도 저러지도 못하는 상황이다. 그러다 보니 그냥 저 둘만 내버려 두고 나는 전과 다르지 않게 살아도 상관없을 것 같다.

이때가 정말 중요하다. 이럴 때 아빠가 정신을 바짝 차려야 한다. 처음의 부푼 자신감과 냉철한 상황 파악 능력을 동시에 활용해야 한다. 물론 처음부터 잘 될 리가 없다. 눈치를 보면서 긴가민가하다가도 빙빙 돌아 제자리를 찾아갔다. 시도해보고 아니면 혼나기를 반복했다. 이런 내 경험이 당신의 시행착오를 줄여줄 것을 믿으며 나누고자 한다. 아주 중요하지만 놓치기 쉬운 일상에서의 팁을 시간과 상황별로 소개한다.

☼ 평일 아침 출근 전

아이와 엄마 모두 밤샘 수유 등으로 피곤하게 지쳐 쓰러져 있는 상황. 괜히 인사한다고 건드리는 게 맞을지 고민이 많았다. 처음엔 쥐도 새도 모르게 도망치듯 빠져나왔는데 그러고 나면 가족과 마주하고 인사 나눌 기회가 너무 적었고 공백 기간이 컸다. 실제로 힘든 아내도, 말 못 하는 아이도 아침에 깨서 내가 연기처럼 사라져 버리고 난 뒤면 아쉬워했다.
그래서 비록 잠결이지만 하루를 시작하는 인사를 건넸다. 서
로 각자의 자리에서 즐거운 하루를 보내자고. 혹시 필요한 게
없는지 물어보고 퇴근 예상 시간을 알려주었다. 사랑한다는
말도 잊어선 안 된다.

> — 어린이집 등원: 가능하다면 아빠가 일주일에 한
> 번이라도 해보자. 정 안되면 처음 입원할 때라도, 아니면
> 예비 소집일이라도 함께 방문하자. 휴가는 이럴 때
> 쓰라고 있다. 아이가 어떤 새로운 세상에 가서 지내는지
> 모르고서는 그곳에 아이를 보내는 엄마의 마음을 전혀
> 공감할 수 없다. 이 차이는 아주 크다. 둘이 알아서
> 잘하겠지라는 마음은 아빠로서의 자리를 잃어가는
> 지름길이다.

☀ 평일 근무 중

몸이 떨어져 있으면 마음도 떨어져 나오기 쉽다. 바
쁜 일에 파묻혀 집을 돌아보고 떠올리기 어렵다. 그래도 틈틈
히 쉬는 시간, 점심시간이 있다. 이럴 때 괜히 인터넷을 뒤적
이거나 게임하거나 하지 말고 아내에게 연락해 보자. 처음엔
나도 아기가 잘텐데 괜히 깨우는 거 아닐까하는 생각에 넘기

기도 했다. 그런데 아내는 내게 아무 연락이 없으면 서운해 하고 아쉬워했다. 돌아보면 연애할 때와 마찬가지다. 사랑하는 사람이 바쁠까 봐 연락을 참으면 소원한 관계로 직행한다. 이제 다행히 서로 밀고 당길 필요는 없지 않은가? 마음이 쓰인다면 연락하자. 마음은 표현하지 않으면 알 수 없다.

☼ 평일 퇴근 즈음

퇴근 즈음이 되면 대충 예상할 수 있다. 오늘 집에 언제 들어갈 수 있는지, 야근을 할지 안 할지. 집에서 아이와 고군분투하며 기다리는 아내에게 예상 퇴근 시간을 알려준다. 그것만으로도 아내는 힘겨운 하루의 마지막을 희망으로 기다릴 것이다.

한 가지 유념할 것은 조직 생활에서 빠지기 쉽지 않은 회식이다. 아내에게 물어보면 당연히 괜찮으니 다녀오라고 할 것이다. 물론 안 괜찮다고 했으면 정말 안 괜찮은 것이지만 괜찮다는 말도 곧이곧대로 받아들이지 말자. 회식을 가게 되면 1차든 1시간이든 집안에서는 모든 상황이 종료된 상태다. 아내가 집에서 가장 힘든 것 중 하나가 제대로 밥 먹을 시간이 없는 것이다. 아빠가 퇴근하고 아이를 건네 받으면 그제야 제대로 된 첫 식사를 할 수 있다. 그 시간을 놓치고 술과 고기 냄새에 절어서 들어가면 아무리 일찍 가도 민폐다. 배고픔에 지친 아내를 자극하게 되고 잠들고 있는 아이를 깨워서 대참 사를 부르기도 한다. 특히 요즘 같은 시대에는 완벽한 이유가 있지 않은가? 집에 어린아이가 있어서 사람들 접촉이 많은 회 식은 피하고 싶다고. 상황이 바뀌었다. 회식 다 따라다니지 말 고, 없는 술자리 만들지 말자. 괜찮다고 하면 괜찮지 않다고 이해하자. 아쉽지만 모든 것을 다 얻을 수는 없다. 당연한 이 치다. 아빠로서 잠시 내려놓자.

☼ 평일 퇴근 후

일하고 집에 돌아오면 피곤하다. 아무것도 하기 싫 고 쉬고 싶다. 특히 일에 시달린 날이나 상사와 한바탕하고 온 날은 더욱 그렇다. 가족들을 벌어 살리느라고 혼자 이 설 움을 참고 있다는 마음에 괜히 울컥할 때도 있다. 그러나 하 나만 기억하자. 아내도 똑같이 하루 종일 힘들게 지냈다는 것 을. 아무것도 할 수 없는 아이를 먹이고 재우고 달래며 보냈 으며 끝없는 집안일을 밑 빠진 독에 물 붓기 하듯 쉬지 않고 해왔다. 집에서 편한 옷차림으로 귀여운 아기와 함께 있는 모 습을 보면 그런 생각을 하기 어렵다. 나는 그나마 내 한 몸만 다루느라 가끔 편하게 쉬고 밥도 먹고 했지만 아내는 그러지 못했음을 떠올리자. 숨을 돌릴 수 있도록 아이를 맡자. 온종 일 제대로 챙겨 먹지 못했을 아내에게 편하게 밥 먹을 수 있는 시간을 만들어주자. 아이와 하루 동안 있었던 이야기에 집중하자. 지금이 아니면 들을 수 없는 소중한 내용이다. 각자의 자리에서 열심히 보낸 서로를 다독여주자.

혹시 마음과 체력의 여유가 된다면 아이의 하루를 마무리하는 목욕에 아빠가 참여해 보는 것은 어떨까. 작고 가녀린 아이를 씻기는 일은 체력을 많이 쓰는 일이다. 출산 후 몸이 성치 않은 아내를 대신해서 하는 뜻깊은 사랑의 표현이다. 무엇보다 아이와 스킨십을 정기적으로 할 수 있는 절호의 찬스이기도 하다. 소파에 늘어져서 TV 보고 유튜브 보는 시간보다 훨씬 더 중요하다고 확신한다.

— 어린이집 하원: 등원과 동일하다. 할 수 있다면 일주일에 한 번, 아니면 한 달에 한 번이라도 해보자. 도저히 퇴근이 어렵다면 반차라도 써서 해보자. 혹시 휴가가 아깝다는 생각이 든다면 정말 아까운 게 뭔지 생각해 보자. 가족에게도 아까운 사람이라면 어디서 무엇을 나누고 살 수 있을지 자신을 돌아보자. 아이가 아빠를 발견하고 놀라움에 환하게 웃어주는 잊을 수 없는 순간을 새겨보자.

☼ 잠잘 때

　　가족들이 모두 잠이 든 한밤중에는 많은 일이 벌어진다. 아이가 배고프다며 울기도 하고 대소변으로 깨기도 한다. 다음날 출근이 예정된 상태라면 일일이 모두 반응할 수도 없는 노릇이다. 특히 밤중 모유 수유 시에는 아빠가 할 게 없다고 생각할 수 있다. 그저 멀뚱멀뚱 깨서 곁을 지킬 뿐이다. 정답은 없지만 난 이렇게 생각한다. 긴장을 놓지 않고 있다가 아이에게 상황이 발생하면 아내와 함께 깬다. 뭐라도 해보려고 버둥대는 모습을 보인다. 실제로 아이를 안아서 일으키는데 필요할 수도 있고 수유등을 켜거나 가제 손수건을 챙겨오는 역할을 수행할 수 있다.

　　이렇게 함께하고자 하는 모습이 중요하다. 세상 모르고 옆에서 퍼져 자는 모습과는 많이 다르다. 이런 기특한 반응이 계속되면 아내도 무한정으로 남편이 깨서 일어나길 바라지 않는다. 마음과 정성을 확인했으니 그냥 자라고 토닥여 주는 순간이 늘어난다. 결국 이것도 신뢰를 쌓는 방식이다. 나는 내일 출근하니까 일어나지 않아도 이해하겠지라고 나 몰라라 해버리면 머리로는 이해할지 몰라도 가끔은 서운한 마음이 들 수 있다. 기저귀를 갈고 분유를 타서 먹이는 순간에는 실제로 아빠가 할 수 있는 일이 있다. 낮부터 수없이 했던 일을 아빠가 밤에 한두 번이라도 하면 얼마나 고맙겠는가? 그런 작은 고마움이 쌓이면 부부간의 믿음도 단단해진다. 혼자가 아니고 함께라는 마음을 심어주게 된다.

아이가 야밤에 시도 때도 없이 깬다고 아빠 혼자 다른 방에서 자는 집도 있다. 신중하게 아내와 이야기를 충분히 나누고 결정하면 좋겠다. 위에서 다룬 회식처럼 괜찮다는 말이 정말 괜찮지 않을 수도 있으니까. 혼자 편하게 지내며 누군가에게 중요한 존재까지 되길 바라는 것은 무리다. 최소한의 노력이 필요하다.

☼ 주말 및 쉬는 날

자, 드디어 기다리고 기다리던 주말, 휴일이다. 결혼 전이었으면 마음껏 늘어져 있을 테다. 하지만 새로운 존재가 생긴 뒤로는 조금 달라져야 한다. 아빠가 되고자 한다면 기본적으로 많은 시간을 아이와 함께 보내야 한다. 일주일 중에 하루, 이틀뿐인 이 시간 말고는 아이와 온전히 하루를 보낼 수 있는 날이 없다. 물론 개인적인 약속이 있을 수 있다. 본인이 혼자 집 밖으로 나선다면 아내에게도 동일하게 자유 시간을 줄 수 있어야 한다. 아무리 그래도 내 삶인데 내 마음, 내 자유 아니냐고 외친다면 꼭 기억하자. 아빠의 타이틀에는 그 무게가 있다. 그 무게를 견딜 노력이 필요하다. 아이를 만들었다고 모두 아빠가 되는 것이 아니다.

　　　무관심한 아빠들의 마음을 돌리는 것도 중요하지만 이에 못지않게 중요한 것은, 진짜 하고 싶은데 몰라서 못 하는 '아빠 지망생'을 돕는 것이다. 이곳에 풀어놓은 시시콜콜한 이야기가 조금은 도움이 되었으리라 믿는다. 돌아보면 당연해 보이는 이야기지만 초반에는 몰라서 놓치고 실수투성이였던 일들이다. 이로 인해 파랑은 나를 오해하기도 했고 상처를 받기도 했다. 반복되는 대화를 통해 뒤늦게나마 바로잡으면서 알게 되었다. 의욕은 넘치지만 방법을 몰라 어쩔 줄 모르는 상황은 줄여야 한다. 넘치는 의욕만큼이나 실수에 따른 포기가 쉬워지기 때문이다. 타오른 만큼 흔적도 없이 바스러지는 것이다. 좋은 아빠가 될 기회가 초반의 무지함으로 완전히 멀어지는 일은 막고 싶다.

　　　마지막으로 해야 하는 이야기는 지금까지 했던 이야기보다 훨씬 더 중요하다. 바로 아빠가 되고 싶은 사람이 스스로 완벽하다고 믿으면 생기는 폐단이다. 자신 있게 이 문제가 가장 심각하다고 이야기할 수 있다. 바로 내가 그랬기 때문이다. 지금보다 잘할 수 없다는 생각은 그저 나 혼자만의 판단에 불과하다. 이를 옆에서 이해해 주고 별말이 없다고 실제로 그런 것이 아니다. '난 정말 최고 아빠야!'라는 밑도 끝도 없는 강력한 자신감이 가져오는 안하무인은 문제가 크다. 이런 생각을 가지면 육아의 99.99%를 감당하고 있는 아내에 대한 태도가 어이없을 정도로 당당해진다. 자신만의 판단으로 이 정도면 충분하다고 결론 지어버리고 아내와 아이를 살

피지 않으면 안 된다.

아빠는 혼자 완성되는 것이 아니다. 엄마와 함께 되어 가는 것이다. 아내와의 충분한 대화가 필요하다. 서로의 생각을 나누고, 바라는 점과 부족한 점을 계속 이야기해야 한다. 그렇게 함께 부모이자 부부가 되어 가는 것이다. 무지함을 인정하고 엄마와 함께 나아가는 것이 시작이다. 아이도 엄마도 아빠도 다 처음이다. 처음에 모르는 것은 부끄러워할 필요가 없다. '이 정도면 아빠로서 충분해.'라는 근거 없는 자신감을 부끄러워해야 한다.

나는 아이와 말을 하고 싶었다

말 없는 아빠 밑에서 자란 아이의 꿈

우리 집은 말이 없었다. 정확히는 아빠가 있을 때 그랬다. 아빠는 말이 없는 사람이었다. 엄마와도 말이 없었고, 우리 남매와도 말이 없었다. 어쩌다 말이 생기려고 하면 언성이 높아지기 일쑤였기 때문에 그 말은 빠르게 사그라졌다. 자연스레 아빠와 나는 서로가 무슨 생각을 하는지 알지 못했다. 그게 쌓이고 쌓여서 우린 남보다 못한 사이가 되었고, 그렇게 우리는 서로 말없이 지금까지 살아왔다.

반대로 난 말이 많은 사람이 되었다. 집에서 하지 못한 말을 밖에서 모두 하려는 듯이 계속 말했다. 내가 하는 말은 누군가에게 전달되었고 다시 말로 돌아왔다. 다른 이와 서로 나누는 말로 이해와 정이 쌓이고 말은 다른 사람과 관계를 맺게 해주었다. 돌아보니 내가 목말라 했던 것은 말 자체라기보다는 관계였다. 부족한 관계를 채우기 위해 말이 많아졌는지도 모르겠다.

점점 나이가 들면서 한 가지 두려움이 생겼다. 미래에 대한 많은 불확실 가운데 확실한 것이 하나 있었다. 내가 나중에 무엇이 될지는 몰랐지만, 아빠는 확실히 될 것 같았다. 아빠와 같이 말 없는 아빠가 되는 것이 두려웠다. 자식은 부모를 닮는다는데 빠져나갈 구멍이 없었다. 무서웠다. 절대 말없는 아빠는 되고 싶지 않았다. 반대의 경우를 경험해 보지 못해서 막연하기만 했다. 이상적인 아빠가 되려면 다른 건 몰라도 아이와 대화를 많이 해야겠다는 생각이 들었다. 나와 내 아이가 아빠와 지금의 나같은 관계를 맺게 될까 봐 겁이 났다. 나를 통해 세상에 나온 가장 가까운 사람이 나와 모르는 사이가 될까 봐.

이런 두려움을 떨쳐내기 위해 나는 꿈을 꾸기 시작했다. '좋은 아빠'가 되는 꿈을. 내 어린 시절의 공허했던 부분을 내 아이에게는 채워주고 싶었다. 서로를 알아가는 말의 나눔을 주고 싶었고, 그것으로 우리의 관계를 맺어가고 싶었다. 내 아이와 내가 서로를 잘 알아가고 싶다는 소망. 그게 다였다. 이렇게 내가 생각하는 좋은 아빠를 내 삶의 목표로 정하고 살기 시작했다.

그렇게 살아오다 아내 파랑을 만났고 파랑의 "네 꿈이 뭐야?"라는 말에 바로 "좋은 아빠."라고 대답했다. 임신 중에는 뱃속의 아이에게 매일 밤 책을 읽어주었고, 출산 이후에도 매일 직접 목욕시키며 아이와 살을 맞대었다. 출근하는 평일에도 늘 아이와 함께 자다가 밤에 아이가 깨면 할 수 있

는 일이 없어도 깨서 아이를 보려고 애썼다. 그렇게 좋은 아
빠가 되어 가고 있다고 강하게 믿었다. 드디어 내 꿈을 이뤄가
고 있다고 확신했다. 그 일이 있기 전까지는 정말 그랬다.

　　파랑은 출산휴가와 육아휴직을 꽉꽉 채워 회사를
쉬었다. 혼자서 아이와 힘든 시간을 보내고 복직을 준비하게
되었다. 복직 시기와 어린이집 등원 시기가 딱 맞지 않아 생
긴 3개월의 틈을 해결해야 했다. 그때 파랑이 자연스럽게 내
게 물었다. "3개월만 자기가 육아휴직 내고 아들을 맡아주면
좋겠어." 좋은 아빠가 되고 있다고 믿었던 나는 그 순간 할 말
을 잃었다. 그리고 결국 나는 결정적인 순간에 아이와 아내가
아닌 나를 선택했다.

　　"아무리 그래도 내가 휴직을 그렇게 길게 내는 건
안 될 것 같아." 1년을 넘게 일을 쉬고 있는 아내 앞에서 고작
3개월을 쉬는 것이 두려웠다. 황금 같은 시기에 내가 어떻게
회사를 쉬고, 심지어 그것도 오로지 육아를 위해서 그럴 수
있을까 싶었다. 이미 내 머릿속엔 꿈이라고 당당하게 말했던
'좋은 아빠' 따위는 없었다. 내게 찾아올 중단, 변화, 시선을
감당할 자신이 없었다. 난 그저 내 것을 모두 챙기고 난 뒤 남
은 부분을 가족에게 주면서 생색을 내고 싶어 했던 것뿐이었
다. 내 것이 빼앗긴다며 바로 돌아서 버렸다.

　　내 대답에 파랑은 상처를 받았다. 아니 좋은 아빠가
꿈이라던 나에게 크게 실망했다. 처가의 도움으로 그 시기를
이겨냈지만 그 상처와 실망은 지금까지도 깊숙이 남아 있다.

이를 만회하기 위해 내가 할 수 있는 노력과 관심을 다했지만 여전히 내 것을 잃지 않는 범위 안에서만이었다. 아이와 말을 많이 나누는 좋은 아빠가 되고 싶다는 내 바람과는 다르게 내 행동은 말이 없던 나의 아빠와 크게 다르지 않았다. 그리고는 깨달았다. 내가 꿈꾸는 것과 현실은 매우 다르다는 것을. 반쪽짜리 좋은 아빠는 스스로 만족하지도, 그렇다고 부끄러워하지도 못하고 쑥쑥 자라는 아이 옆에서 그저 적당한 거리를 유지하며 따라가고 있었다. 점점 현실과 타협하며 평생을 꿈꿔온 '좋은 아빠'를 점점 잊어가고 있었다.

여긴 그런 어린이집 아니에요

공동육아와 함께 다시 태어난 아빠

　　꿈과 현실 간의 괴리는 생각보다 컸다. 난 그저 그런 평범한 아빠로 적당히 살아가고 있었다. 육아에 대한 모든 고민과 결정은 모두 파랑이 했다. 내가 할 수 있는 것은 다른 아빠들도 다 비슷할 것이라는 민망한 자기 위로뿐이었다. 함께 일을 하고 함께 육아를 했지만 언제나 먼저 생각하고 행동에 나서는 것은 어쩐지 모두 파랑이 먼저였다. 나는 늘 반 박자 늦었다. 발맞추어 나가는 것이 버거웠고 애매한 조연으로 지내는 스스로를 안타까워했다. 주연이 되고 싶었지만 그것을 감당할 배짱도, 가진 것을 내어놓을 용기도 부족했다. 그래서 이러지도 저러지도 못하면서 커가는 아이 곁에서 나를 잊지 말라는 힘없는 서성거림을 반복할 뿐이었다.

　　우리 아이는 늦은 생일 덕분에 태어난 지 14개월 만에 3살이 되었고 그때부터 어린이집을 다녔다. 집 근처에 있던 파랑의 사내 어린이집을 보내고 싶었지만 추첨운은 따라

주지 않았다. 걸어서 갈 수 있는 어린이집에는 대기자 수가 수백 명이었고 결국 차로 이동해서 보내는 곳으로 결정되었다. 다닌 지 1년이 지날 무렵 갑작스런 통보를 받았다. 어린이집을 나가 달라는 것이었다. 말 그대로였다. 0~3세의 어린 아기들만 받을 예정이기에 4세가 되는 우리 아이는 다른 어린이집을 찾아보라고 했다. 2월 말이었기 때문에 이미 다른 어린이집 충원이 마감될 시기였다. 정신이 번쩍 들었다. 지금이야말로 아빠가 나설 차례였다. 살고 있는 지역의 100여 개의 어린이집 목록을 작성하고 전화를 돌리기 시작했다. 시기가 시기인지라 자리가 없다는 대답을 계속 받았다. 하지만 이것 외에는 방법이 없었기에 시간이 날 때마다 계속 전화를 걸었다. 끝없는 연락처 목록을 들고 쉬지 않고 "자리 있나요?"를 외치는 내 모습은 영업 사원이나 취업 준비생으로 보였을 것이다. 다른 사람이 그렇게 보든 말든 난 점점 줄어드는 연락처를 보며 타들어 가는 마음으로 계속 전화를 돌렸다. 그리고 어느 순간, 지금도 기억나는 그 따뜻한 목소리가 나타났다.

"저희 어린이집에 자리 있어요."

그 순간 뛸 듯이 기뻤다. 버스가 아니었다면 실제로 뛰었을 것이다. 막막했던 상황을 해결했다는 안도와 아빠로서 뭔가 일조했다는 보람은 아주 컸다. 여러 번 전화기 속 선생님에게 감사하다는 인사를 했다. 선생님은 우리 사정을 본인 이야기처럼 안타까워하며 들어주었다. 기쁘고 성급한 마음에 언제부터 등원할 수 있는지 물어봤다. 사실 내가 제일 궁금한 것은 그것이었다. 하루라도 빨리 새 어린이집에 아이를 보내 적응시키고 우리 부부도 안정을 찾고 싶었다. 하지만 내게 돌아온 대답은 아주 의외였다.

　"여긴 그런 어린이집이 아니에요. 아버님."

　이건 또 무슨 소리인가? 어린이집이 어린이집이지 그런 어린이집과 저런 어린이집이 따로 있다는 말은 또 무엇인가? 마음을 가라앉히며 차분히 다시 무슨 말인지 물었다. 이어진 말은 다음과 같았다.

　"여긴 공동육아 어린이집이에요. 아이만 맡기는 곳이 아니에요. 아빠 엄마가 직접 참여해서 함께 아이들을 키워나가는 곳이에요."

　갑자기 웬 당연한 이야기인가 싶었다. 그저 부모가 관심을 많이 가져야 한다는 정도의 이야기로 들렸다. 그 상황에서 난 '어린이집 등원 가능 여부' 말고는 어떤 것도 관심이 없었다. "아이고, 그래야지요! 뭐든 필요한 것이라면 열심히 해야지요!"라며 건성으로 다 할 수 있다고 대답했다. 수화기 건너편에서는 잠시 침묵이 흘렀다. 선생님의 추가 설명에도 나는 무조건 "YES"를 남발했다. 설명을 다 마친 선생님은 면담 날짜를 잡자고 했다. 면담이라니? 단순히 특이한 곳이라고만 생각했다. 자리가 있고, 그 자리에 들어갈 아이가 있으면 수요와 공급 법칙에 의해 성사가 되어야 하는 내 머릿속으로는 이해가 되지 않았다. 하지만 목마른 위치에 있었기에 무조건 잘 알겠다고 하며 적당한 날짜를 잡았다. 아빠로서 뭔가 해냈다는 생각에 파랑에게 이 소식을 전했다. 놀랍게도 파랑은 이미 공동육아를 알고 있었고 심지어 예전에 내게 이야기도 해준 적이 있다고 했다. 그렇게 우리는 절망의 끝에서 기적적으로 살아났다. 공동육아 어린이집이 어떤 곳인지는 중요하지 않았고 자리가 있는 어린이집이 있다는 것만으로도 충분히 기뻤다.

어느 추운 겨울날 저녁, 면담이 시작되었고 나와 파랑은 첫 질문에서 막혔다. 역시 이 어린이집은 보통이 아니었다. **"나중에 아이가 대학을 안 간다고 한다면 어떻게 할 것인가?"** 신선했다. 따로 생각해 본 적도, 상의해 본 적도 없었다. 하지만 그 자리에서 각자 답한 내용이 크게 다르지 않았다. 그때부터 육아와 교육에 대한 서로의 생각을 조금씩 알게 되었다. 그렇게 이곳은 우리 부부에게 함께 고민하고 대화할 수 있는 시작점을 마련해 주었다. 특히 좋은 아빠라는 꿈만 꾸다가 포기하고 머물러 있던 나에게는 목표를 다시 떠올리게 해준 곳이었다. 우연을 가장한 필연처럼 우여곡절 끝에 우리 가족은 공동육아 어린이집에서 새로운 생활을 시작했다.

처음 몇 달이 지나기도 전에 "여긴 그런 어린이집이 아니에요."라는 말의 의미를 깨달았다. 공동육아 어린이집은 정말 아빠 엄마가 아이와 모든 것을 함께하는 곳이었다. 부모가 조합원이 되어 어린이집을 직접 운영했다. 부모가 모두 배치되어 활동하는 소모임의 이름만 보아도 알 수 있다. '운영, 홍보, 재정, 교육, 시설' 쉽게 말해서 아이들을 담당하는 선생님의 역할을 제외하고는 모두 부모의 참여로 돌아가는 곳이다. 가장 기본적으로는 어린이집 청소를 돌아가면서 아빠 엄마가 직접 했다. (이곳에서는 아빠 엄마를 줄여서 '아마'라고 부른다. 엄마보다 아빠가 먼저라는 것도 의미심장하다.) 어쩌다 한 번씩 하는 것도 아니고 일주일에 2번, 대충이 아니고 제대로 청소해야 한다. 그리고 반기별 대청소는 모든 아마가 모여서 했다. 내 집 청소보다 어린이집 청소를 더 열심히 하게 되었다. 이렇게 어린이집에 깊숙이 들어가면서 아이와의 관계도 점점 깊어 갔다. '함께 크는 삶의 시작, 공동육아'라는 지향점을 따라 부모와 아이가 함께하고 함께 자라는 곳이었다.

이곳에는 또 다른 선물이 있었다. 바로 '좋은 아빠'를 꿈꾸는 아빠들을 만날 수 있다는 점이었다. 적극적으로 육아에 참여해서 육아일기에 자주 등장하는 아빠들, 사전 아빠 테스트를 통해 이미 아내와 생각을 공유하고 있는 아빠들, 일과 육아를 병행하는 워킹대드들 말이다. 나의 이상과 가까운, 배울 점 많은 아빠들이 가득했다. 물론 나처럼 아직 뭐가 뭔지 잘 모르는 애매한 마음가짐으로 아내 손에 이끌려 온 아빠들도 분명히 있었다. 하지만 그런 '그저 그런 아빠'들도 아이에게 긍정적인 영향을 주는 실제로 행동하는 아빠들에게 이끌려 충분히 변할 수 있었다. 더 좋은 아빠가 되고 싶던 내게 이보다 더 좋은 환경은 없었다. 공동육아를 통해 조연에서 벗어나 화려한 공동 주연으로서 함께하는 육아를 향해 나아갔다. 정신없이 보낸 1년으로 달라져간다고 느낄 때쯤 결정적인 사건이 벌어졌다.

공동육아 어린이집은 모든 아마의 행동과 참여로 굴러간다. 하지만 적지 않은 인원이기에 효율적 운영을 위해 대표 일꾼을 돌아가면서 맡는다. 어린이집 운영을 담당하는 이사회는 앞서 언급한 각 소모임의 장들이 참여한다. 그리고 이사회를 이끄는 이사장을 따로 선출하여, 한 해 동안 어린이 집의 운영을 맡긴다. 이제 막 2년 차가 된 나는 갑자기 이사장 이 되어버렸다. 원래는 이사회 경험이 있는 3년 차, 4년 차 아 마가 맡게 되는 것이 그동안의 관례였다. 그렇지만 모든 아마 의 투표를 통해 예외적으로 2년 차인 내가 이사장이 되었다. 이곳에서 지내며 좋은 아빠가 되어간다는 자신감이 붙었던 나에게는 아주 좋은 기회였다. 실제로 이 1년의 이사장 임기 기간은 나를 완전히 바꾸어 놓았다. 가정에서도 어린이집에 서도 언저리에 있던 내가, 중심에 있게 되면서 그동안 하지 못 했던 경험과 생각을 하게 되었다. 내 아이의 아빠로서 그리고 함께하는 부모들의 육아 동료로서 한층 성장할 수 있는 소중 한 시기였다.

어린이집에서 겪은 모든 사건들은 나를 공동육아의 세계로 이끌었고 그곳에서 내가 되고 싶은 아빠라는 것을 구 체적으로 그려 보고 행할 수 있었다. 이상적인 모습을 막연하 게 꿈만 꿔왔다면 이제는 실제로 아이와 어떻게 커가야 하고 육아의 동반자인 아내와 어떻게 생각을 나누어야 하는지 알 게 되었다. 또한 생각을 일방적으로 뱉어냈다고 말이 되는 것이 아니라 말을 시작으로 서로의 생각을 나눌 때 비로소 말이 된다는 것을 뒤늦게 알게 되었다. 그렇게 나의 바람은 '아이와 말을 하고 싶다.'에서 '아이와 생각을 나누고 싶다.'로 수정되었다. 이렇게 좋은 아빠가 되고자 하는 꿈을 공동육아를 시작으로 차근차근 이루어 나갔다.

육아라는 위대한 여정에 낙오되지 않는 법

함께 크고 자라는 공동육아

어려운 선택의 갈림길에 서면 만병통치약처럼 뱉기 쉬운 말이 있다. **그냥 남들 하듯이 해!** 참 편리한 해결책이다. 듣는 순간 마음이 편해진다. 이미 비슷한 상황에 처한 대다수가 하고 있는 대로 그대로 한다는 것. 이보다 더 높은 성공 확률을 지닌 답은 없는 것처럼 보인다. 오히려 이 길을 가지 않는 것이 이상하게 보일 정도다.

이 말은 내가 공동육아 어린이집에 아이를 보낸다고 했을 때 가장 많이 들었던 말이다. 돌아보면 이 말은 여러 가지 의미를 담고 있었다. "뭘 그렇게 유별나게 구니. 괜히 사서 고생이야. 그래 봤자 다를 거 없어." 주변의 아이를 가지고 있는 부모들이 공동육아를 바라보는 시선은 정확히 이랬다. 다수의 의견을 따르기 좋아하는 나는 그들이 완벽히 이해된다. 쉬운 선택지가 있는데 어려운 선택지를 고르는 나를 이해할 수 없었을 것이다.

하지만 이제는 말할 수 있다. 누구의 지지도 없이 불안에 가득 찼던 그때의 결정이 인생 최고의 순간을 만들었음을. 우연히 만났지만 필연이었다고 믿고 싶을 만큼 공동육아는 나를 스스로 변하게 했다. 모든 변화의 시작은 이때부터였다. 아이와 육아에 대한 고민, 그리고 앞으로의 삶은 어떻게 나아가야 할 것인가에 대한 생각이 시작되었다. 아빠가 될 수 있는 기회가 내게 주어졌다.

우선 공동육아를 이해하기 위해서는 '공동'이라는 말을 살펴보는 것으로 시작해야 한다. 공동은 무언가를 함께 한다는 말이다. 즉, 육아를 기본적으로 아빠와 엄마가 함께 하는 것을 의미한다. 아직은 아쉽게도 육아라는 말에 부모의 공동 참여가 배제되어 있기 때문에 이를 위한 인식 개선의 노력이 말에 스며든 것이다. 사실은 따로 이렇게 강조할 필요가 없어야 할, 당연히 함께하는 것이 낭연해질 세상을 위해 애쓰자는 의미를 담고 있다. 공동의 의미는 여기서 끝나지 않는다. 한 가족을 넘어서서 다른 가족과 아이까지, 더 나아가서는 지역 사회까지 확장된다.

먼저 그 이름에 걸맞게 함께 크는 삶을 지향한다. 세상의 유일한 주인공처럼 자라는 것이 아니다. 또래 친구들과 함께 자라며, 나이와 상관없이 어울린다. 아이들 위에 군림할 것 같은 선생님도, 아이들의 부모도 예외가 아니다. 이렇게 아이는 그 안의 모든 아이, 어른들과 경계 없이 함께 커간다. 그곳의 선생님과 부모도 잘 버무려져서 지내며 아이를 한마음 한뜻으로 키워간다. 오고 가는 나들잇길에 마을 사람들과 교류하면서 기쁨을 함께 나눈다. 또한 자연에서 뛰놀며 자연과 함께하는 법을 배운다. 이렇게 우리와 함께하는 모든 것과 어울리고 관계하는 법을 온몸으로 깨우친다.

건강하고 바르게 그리고 밝고 자유롭게, 어느 부모도 거부할 수 없는 방향으로 아이를 길러낸다. 아이 있는 부모라면 모두 내 아이가 이렇게 크기를 바라지 않을까? 실제로 아이를 키우다 보면 학업적, 사회적 성취를 위한 욕심이 생겨나기 때문에 처음의 마음가짐을 지켜나가기 어렵다. 공동육아 어린이집에서는 적어도 학교에 들어가기 전까지는 이를 내려놓는다. 누구보다 먼저 경쟁 세계로의 준비를 시키고자 하는 추세와 정확히 반대다. 이곳에서 그 불안과 걱정을 꾹 참고 이겨내면 새로운 세상이 벌어진다. 일방적으로 가르치고 평가하는 대신 함께 놀고 생각을 나누면서 각각의 아이들이 모두 존중받는 교육을 한다. 아이들은 글자와 숫자의 틀에 짜인 학습 대신 웃으며 노래 부르고 만들고 신나게 놀며 지낸다. 부모의 욕심을 멈추면 아이는 아이답게 자랄 수 있다.

이곳에 공동육아 어린이집의 특장점을 모두 늘어놓기에는 역부족이다. 통합보육, 바른 먹거리, 자연에서 배우는 나들이, 미디어 단절, 선행학습 자제, 24절기 즐기기, 전통놀이와 악기, 옛날이야기, 친구네 마실, 들살이, 터전 살이, 단오 잔치, 해 보내기 잔치, 텃밭 가꾸기, 모래 놀이마당 등 따로 책 한 권을 써도 모자랄 것이다. 이 중에서 이 곳이 아니었다면 절대 배울 수 없었던 것들 3가지를 꼭 전하고 싶다.

☀ 첫 번째, 터전

공동육아 어린이집에서는 어린이집 대신 '터전'이라는 말을 사용한다. 터전이라니 벌써 마음이 푸근해진다. 흔히들 말하는 '삶의 터전'의 터전으로, 생활의 근거지라는 의미를 가진다. 누구든 언제나 오고 갈 수 있는 곳이기 때문에 항상 투명하다. 다른 곳은 철저하게 내부가 감춰져 있어서 선생님이 일방적으로 전하는 말과 사진으로만 간신히 알 수 있다. 하지만 이곳에선 아이가 커가는 것을 피부로 직접 느낄 수 있다. 혹시 일반 어린이집을 보내 봤다면 바로 차이를 알 수 있을 것이나. 공동육아 어린이집으로 바꾼 결정적인 이유를 전해준 다른 아빠의 이야기가 아직도 기억난다. 여느 날처럼 아이를 문 앞에서 보내고 돌아서는 아침 등원 길이었다고 한다. 빼놓고 전달하지 못한 물건이 있어서 다시 돌아서서 들어가는데 열린 어린이집 창문으로 내부가 보였다고 한다. 그때 믿을 수 없는 광경이 펼쳐졌다고 한다. 바닥에 선생님이 간식을 뿌려주고 아이들이 동물처럼 달려들어 먹게 하는 모습을 목격한 것이다. 이건 아니다 싶어서 바로 이곳으로 달려왔다고 한다. 모든 어린이집이 그런 것은 아니지만, 모두가 함께 살아가는 삶의 터전에서는 절대 그런 일이 일어나지 않는다.

☼ 두 번째, 별칭

함께 살아가고 커 가기 위해서는 서로 수평적이어야 한다. 같은 어른끼리도 나이를 신경 쓰게 되는데 하물며 어른과 아이는 더욱 어렵다. 그래서 이곳에는 아주 독특한 장치가 있다. 바로 별칭으로 부르기다. 필명의 초록과 아내를 부르는 파랑은 공동육아 어린이집의 별칭이다. 이곳에서 부모와 선생님은 모두 별칭으로 부르고 불린다. 그러다 보니 당연히 상호 존중의 표현을 쓴다. 이는 함께 지내는 모든 이들을 같은 눈높이로 바라보게 돕는다. 다른 부모와 선생님과의 수평적인 관계도 이끌어내지만 가족 내의 평등도 이끌어낸다. 바로 부부간의 평등과 부모와 아이의 평등이다. 이곳에 처음 오는 부부들을 보면 아빠들은 끌려왔다는 느낌을 지울 수 없다. 한쪽이 육아에 관심이 없던 부부가 함께하는 생활을 통해 그 수평을 찾아간다. 가장 중요한 점은 바로 아이와 부모 사이에 위아래가 없음을 깨닫는 것이다. 강요하고 가르치는 버릇과 말투는 본능적으로 갖추고 있는 부모의 습성이다. 아이가 별칭으로 다른 부모와 선생님을 편하게 부르는 모습을 보다보면 조심스레 무릎을 굽혀 눈높이를 맞추게 된다. 세상을 함께 살아가는 존재를 있는 그대로 인정하고 받아들이는 학습을 이곳에서 난생처음으로 하게 된다.

❄ 세 번째, 모두의 참여

공동육아 어린이집은 아빠 엄마, 줄여서 아마의 참여로 운영되는 곳이다. 한 사람의 예외도 없다. 모르는 것이 자랑이 아니고 빠져나가는 것이 재주가 아닌 곳이다. 함께하는 육아가 자연스럽게 삶이 되다 보면 경험 없고 관심 없던 아빠들이 변한다. 처음에는 어색하고 어쩔 줄 모르다가도 점점 물들어간다. 그렇다고 하루아침에 육아 전문가가 되는 것은 아니다. 그저 자신이 할 수 있는 역할을 조금씩 늘려가는 것이다. 분명 육아에서 아빠와 엄마의 역할은 다를 수 있다. 그리고 절대적인 양과 기술도 차이가 날 수 있다. 하지만 불확실하고 어려운 육아라는 여정에 함께 한다는 것만으로도 엄청난 수확이다. 공동육아를 해나가는 동안 앞으로의 인생에 단단한 밑침대가 세워지는 것이나. 어니에서도 할 수 없는 귀중한 경험이다.

이런 가슴 벅찬 이야기를 열심히 전하고 나서도 여전히 처음의 반응이 튀어나오기도 한다. "뭘 그렇게 유별나게 구니. 괜히 사서 고생이야. 그래 봤자 다를 거 없어." 이 바쁜 세상에 아이에게 가해지는 한시적인 배움의 미룸이 안타깝다며 조언을 주는 사람도 있다. "괜히 나중에 애만 더 고생하는 거 아냐? 그러다 나중에 후회해." 지향점이 다르면 충분히 할 수 있는 말이라고 생각한다. 하지만 이런 시선을 수없이 오래 받으면서 의문이 들었다. 정말 남들 하는 대로 하는 것이 옳다고 믿기 때문에 이러는 것인지. 아니면 먹고 살기 바쁘니 아이에게 신경 쓰고 싶지 않아서 그러는 것인지.

진정으로 옳다고 믿는 개인의 신념을 뭐라 할 수 없는 노릇이다. 하지만 혹시라도 스스로 해야 하는 고민이 힘들고 귀찮아서 그저 남들 하는 대로 지내는 거라면 질문을 던지고 싶다. 그렇게 시키는 대로 한 여러분은 지금 만족스러운 삶을 살고 있는가? 지금 자라고 있는 아이가 부모와 같은 삶을 살기를 원하는가? "아니다."라는 대답이 떠오른다면 고민을 시작해야 한다. 삶의 흘러감에 변화의 기회를 놓쳐버리고 반복되는 불행을 물려주고 싶지 않다면.

우리 가족에게, 특히 나에겐 공동육아는 큰 기회였다. 그냥 남들처럼 어릴 때부터 인생 최대 목표를 대학 입시로 잡고 키웠다면 정말 아찔하다. 물론 그랬다면 앞만 바라보며 정신없이 살아가고 있었을 것이다. 지금 내 입장에서는 이상하게 보이지만 실제로 그 상황에 처해 있다면 그것이 지극히 정상이었을 것이기에. 우연히 새로운 방식의 육아를 경험하면서 희망을 가지게 되었다. 내 아이는 입시 지옥에 갇히지 않고 자유롭게 여러 가지 경험을 하면서 하고 싶은 일을 찾아가게 키우고 싶다는 여전히 어려워 보이는 미래를 그려보았다. 이런 고민을 시작하게 만들었다는 것만으로도 공동육아는 우리에게 큰 선물을 주었다.

이 글은 공동육아를 찬양하고 예찬하기 위해 쓴 글

이 아니다. 그저 모자라고 어리숙한 아빠가 우연히 경험한 이야기를 흥분해서 늘어놓는 무용담에 가깝다. 소 뒷걸음치다 쥐 잡은 격일 뿐이다. 공동육아는 그저 활용 가능한 수많은 제도나 장치 중 하나다. 스스로 관심이 있고 생각이 있다면 그게 어떤 장치였든 상관없다. 장치의 도움 없이도 스스로 육아에 참여했을 것이다. 아이를 낳고 무엇을 어디서부터 생각해야 할지 모르는 부부가 있다면 보따리 싸 들고 따라다니며 이곳을 추천하고 싶다. 하지만 받아들이고 행동하는 것은 각자의 몫이기에 목소리를 아끼게 된다. 내가 좋다고 남도 다 좋을 수는 없을 테니. 그래도 이렇게 기록을 남겨서 누군가 필요한 이들에게 전해졌으면 좋겠다는 희망을 품어본다.

　　만약에 똑같은 것을 아빠 없이 엄마들만 모여서 진행했었다면 어땠을까? 특별해 보였을까? 엄마들이 극성인가 보다 하고 말 것이나. 공동육아 어린이집의 특별함은 아빠와 엄마가 함께하는 육아에서 온다. 이렇게 생각하면 위에서 언급했던 이해할 수 없는 듯 던지는 불만 가득한 반응의 기원도 충분히 유추해 볼 수 있다. 자신이 그렇지 못하기 때문에 다른 아빠들이 육아에 들어와 있는 모습이 싫은 거다. 실제로 이 말들은 모두 남자이자, 아빠인 사람들의 입에서 나와 내게 전해진 말들이다.

　　아이가 생기는 것은 인생에서 맞이하는 가장 큰 변화의 순간이다. 그 변화를 어떻게 받아들이는가에 따라 앞으로의 부모와 아이의 인생도 제각각 변한다. 한국에서 육아의 어려움은 이루 말할 수 없다. 아직 희망을 놓지 않고 있는 예비 부모와 현재의 부모들은 아직도 그 어려움 속에 하루하루 살아가고 있다. 그 어려움을 함께 나눌 방법을 이야기하고 싶었다. 아빠와 엄마가 함께하고, 아이와 선생님이 살 부딪히며 살아가는 길이 분명 있다. 꼭 공동육아 어린이집을 보낼 필요는 없지만 어느 곳에서 어떻게 키우고 자라나더라도 아이와 부모가 함께 크는 삶을 경험하길 바란다. 오래된 관습처럼 누군가가, 특히 아빠가 자연스럽게 제외되지 않길 바란다. 모두가 함께 키우고 자라나는 모습이 당연해지는 그날이 오기를 바란다. 그때가 되면 공동육아라는 말도 자연스럽게 사라지지 않을까?

불행한 나는 행복한 아이를 기를 수 없어

어쩌면 마지막이 될지도 모를 기회

우리 아이는 또래 아이들이 한글을 뗄 때 24절기를 즐겼으며, 산수를 연습할 때 전래 동요를 불렀고, 영어를 외울 때 꽃과 풀을 만졌다. 공동육아 어린이집에서는 한쪽에서 일방적으로 가르치는 교육을 하지 않았다. 서로 존중하며 배웠고 늘 자연에서 뛰놀며 자연에서 배웠다. 바른 먹거리를 직접 만들어 먹으며 또래 친구들, 선생님과 함께 살아가고 어울리는 법을 배웠다. 그렇게 우리 아이는 입시를 위한 공부보다는 주변 세상을 이해할 수 있는 '자연, 사람, 관계'를 배웠다. 조기 교육, 선수 학습의 나라에서 아이를 보호할 수 있는 이곳이 정말 좋았다.

우리 가족의 순수한 행복은 많은 의심을 유발했다. 아이가 한 살씩 먹어갈수록 주변인들의 우려는 구체적으로 찾아왔다. "언제까지 글자도 모르게 둘 거야?", "이제 놀 만큼 놀았으니 슬슬 공부시켜야지?" 특히 가까운 곳에서 시작되는 아이를 위한다는 명목의 걱정은 우리를 불편하게 만들었다. 우리는 지금이 정말 좋은데, 그리고 앞으로도 이렇게 계속 키워가면 좋겠는데…. 이런 우리의 모습은 한걸음이라도 먼저 달려가려는 주변에 비해 멍하니 머물러 있는 팔자 좋은 사람들로 비추어졌다. 날카로운 시선과 오지랖이 쏟아져 내렸다. "지금이 얼마나 중요한 시기인데 세상 물정 모르고 한심하게 앉아있니? 그러다 애 망친다." 아무리 우리의 기쁨을 설명하려 해도 딱딱한 벽이 막아선 듯 말이 통하지 않았다

　　　　고민을 시작했다. 아이가 크면 클수록 압박은 점점 심해질 것이 분명했다. 지금이야 어린이집이라는 테두리 안에서 생각을 함께하는 강력한 동료들과 버틸 수 있었다. 하지만 내후년에 학교에 들어가게 된다면? 우리가 정말 우리의 신념대로 아이를 키울 수 있을까? 이미 시작된 경주에서 목표를 향해 질주하는 주변을 바라보면서도 우리 발걸음을 지킬 수 있을까? 누구보다도 그 비교와 경쟁을 진하게 경험한 우리가 본능적으로 아이를 조련하지 않을 수 있다고 장담할 수 있을까? 아예 공동육아를 몰랐다면 차라리 마음이 편했을 것이다. 아무것도 모를 때는 아무것도 고민하지 않고 그저 남이 정해 놓은 대로 살면 된다지만 문제를 인식하고 나자 정해진 방향을 선택할 수 없었다. 풀리지 않는 문제처럼 고민은 계속되었지만 알 수 없는 미래를 예상하고 걱정하는 것은 우리에게 아무런 확신을 주지 못했다. 그러다가 아이가 이곳에서 걸어가게 될 길을 이미 모두 경험한 우리를 바라봤다. 고

민의 시간이 무색할 정도로 쉽게 답이 나왔다.

우리는 지금 행복하지 않았다. 숨 가쁜 경주를 상위 권으로 돌파해서 남부럽지 않게 살아가고 있었지만 그것은 모두 남이 정해 놓은 기준에 의해서였다. 우리는 지금 즐겁지 않았다. 남들이 하는 대로 적당히 일을 하고 적당히 돈을 벌고 적당히 돈을 쓰며 하루하루 삶을 이어가고 있었다. 중간 중간 불평을 하곤 했지만 다른 대안이 없으니 이렇게라도 사는 게 어디냐며 위로하며 살아갔다. 이런 우리의 모습에서 우리 아이가 살아갈 미래가 보였다. 우리 아이도 30년을 열심히 달린 뒤 이렇게 생각할 게 뻔했다. 난 왜 행복하지 않지? 시키는 대로 다 하고 살았는데? 이곳에서 우리가 사는 모습을 가장 가까이에서 바라보는 아이는 당연히 우리의 삶이 옳은 것으로 여길 것이 분명했다. 즐겁지도 않은 일을 하면서 근근이 먹고 살며 자기 위안을 반복하는 삶. 이 삶을 물려주고 싶지 않았다. 우리도 행복하지 않은데 아이에게 행복하게 살아가라고 하고 싶지 않았다. 의미 없이 삶을 연장해 가는 우리의 안타까운 미래를 바꾸기 위해, 치열한 비교와 경쟁이 아이에게 본격적으로 시작되기 전에 이곳을 떠나기로 했다.

마음이 결정되자 이어지는 행동은 거침이 없었다. 다시 찾아온 기회, 앞으로 더 이상은 없을 이 기회를 놓치고 싶지 않았다. 지난 실수를 완전히 덮을 수는 없겠지만 나로서는 그동안 많이 성장했음을 보여주는 결정이었다. 예전의 치열한 고민이 이해가 되지 않을 만큼 이번 결정은 아주 쉬웠다. 우선, 육아휴직의 시작을 주변에 알렸다. 회사에, 가족에게, 친구들에게. 모두들 한결 같은 반응이었다. 놀라움과 걱정이 이어졌다. "회사에 다시 돌아올 수 있는 거야? 불이익은 없는 거야?" 마치 회사가 내 인생의 전부인 것처럼 모두 똑같은 질문을 던졌다. 회사에 나가지 않으면 내가 내가 아닌 게 되어버리는 것처럼. 내 삶이 이렇게나 회사 중심이었다는 깨달음은 내 결심을 더욱 단단하게 만들었다. 나는 나로 살아가고 싶었다.

"그럼 뭐하고 지낼 거야? 뭐하고 쉴 거야?" 이런 질문을 받으면 잠시 멍해졌다. 내가 설명을 잘못했나? 분명히 육아휴직이라고 하지 않았나? 육아를 위한 휴직이라고 이야기했지만 그들에게는 '휴직'만 보였나 보다. 관심도 없고 해보지도 않은 육아는 그들에게 아무런 의미를 주지 않았다. 육아에 대한 고민으로 결정하게 된 계기를 설명해 보려 해도 그 사이의 넘을 수 없는 벽을 확인할 뿐이었다. 나를 이해하지 못하는 그들의 눈동자를 바라볼 때마다 말을 접었다.

이렇게 모두에게 이해받지 못하는 상황 속에서 유일하게 응원을 보내준 곳은 공동육아 어린이집이었다. 우리의 생각을 존중해 주었고 우리의 앞날을 진심으로 기원해 주었다. 선생님들과 아마들, 그리고 아이들과 헤어지는 마지막 날, 어떤 인사 자리에서도 울지 않았던 나는 눈물을 참지 못했다. 공동육아 어린이집은 우리 아이만 키운 것이 아니었다. 나를 자라게 했다. 갚을 수 없는 큰 빚을 진 것 같았다.

우린 호주로 떠나왔다. 아이와 우리를 위해. 갑작스
럽지만 이미 정해져 있던 것처럼 자연스럽게. 물론 엄청난 유
토피아를 꿈꾸고 온 것은 아니었다. 하지만 충분했다. 남들이
정해 놓은 비교와 경쟁의 세계에서 물리적, 정신적으로 떨어
져 나온 것만으로도 우리 가족 모두에겐 훌륭한 결정이었다.
이렇게 뼈아픈 실패를 딛고 일어선 나의 육아휴직이 시작되
었다.

아이와
함께하는
지금 이 순간

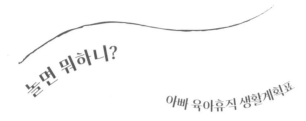

놀면 뭐하니?

아빠 육아휴직 생활계획표

코로나19로 인해 긴장감 높아지는 호주 소식으로 멀리서 가족과 지인들의 안부가 끊임없이 이어졌다. 안부에 감사하며 서로 어디서든 건강하게 지내다가 만나자고 본론을 마치고 나면 거의 꼭 빠지지 않는 질문이 있다. "그런데 너는 그 많은 시간에 대체 뭐하고 지내니?" 이 질문은 처음에 육아휴직을 결정하고 주변에 알렸을 때도, 도착하여 잘 적응하고 있다고 인사를 나눌 때도, 직접 나를 방문한 친구들을 만났을 때도, 그리고 이곳에서 알게 된 분들과 이야기를 나눌 때도 늘 받아왔던 질문이다.

이 질문은 여러 가지 의미를 내포하고 있다. 나와 어떤 관계인지, 본인의 생각과 가치관이 어떤지에 따라서 다르지만 대부분 이 정도 의미이다. '직장 생활하다가 하루 종일 놀게 돼서 좋겠다. 뭐하고 노니?', '백수도 하루 이틀이지, 매일 종일 놀면 지겹지 않을까? 정말 잘 지내고 있는 거야?' 물론 이 중에는 '멘탈 뱀파이어'도 중간중간 숨어 있다. '힘들거나 외로운 일 있을 것 아니야. 좋다고만 하지 말고 호주도 별거 없다는 거 증명해 봐.'

매번 구구절절 설명할 수 없기에 잘 지내고 있으니 걱정은 안 해도 된다는 말로 답변해 왔는데 문득 반대 입장이면 정말 궁금해 할 수 있겠다는 생각이 들었다. 그래서 육아휴직으로 1년을 보낸 지금, 인생에서 처음 맞이하는 요즘의 생활을 정리해 두기로 했다. 나중에 또 질문이 오면 이 글을 공손히 보여드리고자 한다.

일단 노는 것이 내 주 업무가 아니라는 것을 밝히고 싶다. 크게 질문을 한 사람을 두 부류로 나누어 볼 수 있는데 육아와 집안일을 하나도 모르는 사람과 그렇지 않은 사람이다. 특히 전자는 지금 생활을 구구절절 설명해도 한계가 있다. 해본 적이 없어서 육아가 공이 많이 드는 일이라는 것을 상상조차 하기 어렵다. 결국 열심히 설명한 뒤에 돌아오는 대답은 "아, 하루 종일 논다는 거구나, 부럽다."로 끝난다. 나는 나라에서 1년간 육아휴직 수당을 받으며 아들 육아를 책임지고 파랑의 공부를 지원한다. 아들을 돌보고, 파랑이 집안을 돌아볼 여유가 없을 때 집안이 돌아가도록 챙기는 것이다. 파랑이 여유가 생길 때는 그만큼 나도 여유가 생긴다. 시험이나 과제 기간이라면 이 한몸바쳐 육탄방어를 해낸다.

'주중과 주말', '아들 등교와 방학', '아내 등교와 방학' 등 여러 가지 조건의 변화로 다양한 시나리오가 전개된다. 그럼에도 불구하고 스스로 삶의 주인으로서 그리고 아들의 주 양육자로서 매일 해나가는 일들이 있다. 특별한 일이 없으면 나와 아들은 이 주요 일정을 소화하며 하루하루 지낸다.

〘매일 주요 일정〙

나만의 일과: 글쓰기 2시간, 운동 1.5시간, 영어공부 1시간, 기타 연습 0.5시간, 독서 1시간

아이와의 일과: 놀이 2시간, 글자 놀이 1시간, 홈 러닝 1시간(방학 때만)

아이와 단둘이 지내는 하루이다. 오전에 아들이 학교에 가있는 시간이 내겐 가장 바쁘고 집중할 수 있는 시간이다. 집안일은 가족과 함께 있을 때 하라는 파랑의 조언을 새겨듣고 혼자 있는 시간에는 나만의 시간을 최대한 보내고, 가족이 돌아오고 나면 집안일을 한다. 이렇게 아이와 지낸 시간이 쌓인 덕에 예전보다 아이와 훨씬 친해졌다.

〖시간표: 주중 & 아이 등교〗

오전

5:00	기상
5:00-7:00	글쓰기
7:00-8:00	가족 기상 및 아침 식사
8:00-8:30	아이 등교 준비
8:30-9:00	아이 등교
9:00-10:30	운동
10:30-11:30	영어 공부
11:30-12:00	기타 연습

오후

12:00-13:30	점심 및 집안일
13:30-14:30	독서
14:30-15:00	아이 하교
15:00-18:00	아이와 놀이
18:00-19:00	저녁 식사
19:00-19:30	TV 시청 및 식사 뒷정리
19:30-20:30	씻고 잘 준비
20:30-21:00	자기 전 책 읽어주기
21:00	취침

〚시간표: 주말 & 아이 방학〛

오전

5:00	기상
5:00-7:00	글쓰기
7:00-8:30	운동
8:30-9:00	가족 기상 및 아침 식사
9:00-10:00	휴식
10:00-11:00	영어 공부
11:00-12:00	아이와 글자 놀이

오후

12:00-12:30	기타 연습
12:30-13:00	점심 식사
13:00-15:00	아이와 놀이
15:00-16:00	독서
16:00-17:00	아이와 홈 러닝
17:00-18:00	저녁 식사
18:00-19:30	TV 시청 및 식사 뒷정리
19:30-20:30	씻고 잘 준비
20:30-21:00	자기 전 책 읽어주기
21:00	취침

아들이 등교할 때와 방학일 때 크게 달라지는 점은 없다. 파랑과 아들이 일어나기 전에 글쓰기와 운동을 마쳐 놓으면 파랑이 맛있는 식사를 준비해 준다. 학교 공부를 좀 더 하고 산책을 나선다. 놀이 시간을 파랑이 맡아주면 개인 시간이 늘어난다. 물론 나들이나 손님 초대 등의 일정이 생기면 변동이 있다. 그런 날은 과감하게 계획을 무시한다. 그럴 때는 새벽 시간을 활용하여 나만의 시간을 충분히 누린다.

이렇게 늘어놓고 보니 하루하루가 꽉 차 있고 바빠 보이지 않는가? 내 딴에는 주 업무를 성실히 수행하면서도 개인 시간을 잘 보내고 있다고 생각한다. 그래도 여전히 남들이 보기엔 하루 종일 놀고먹고 편해 보일 수도 있겠다. 그래 맞다! 난 지금 이 생활이 노는 것처럼 아주 즐겁고 좋다. 내 아이, 가족과 함께 풍성하게 하루를 보낼 수 있고 내게도 스스로 집중해서 시간을 쓸 수 있는 지금이 정말 꿈같다. 휴식 전엔 도대체 어떻게 살아왔는지 정말 기억이 아득하다. 다시 오지 않을 지금을 충실하게 보내고 싶다.

갑자기 뒤바뀐 우리의 자리

함께하는 육아로 변해가는 부부의 세계

결혼 생활 10년 차. 성인이 되어 누군가와 이렇게 가까이 붙어서 긴 시간을 보낸 적이 없다. 30년 동안 전혀 다른 세계에서 살던, 두 사람이 새로운 인생을 함께하는 것만큼 위태로운 이야기가 또 있을까. 우리도 다른 여느 결혼을 앞둔 커플들처럼 결혼식 이후 모든 순간이 행복할 것이라고 믿었다. 신혼여행에서부터 그 믿음은 깨졌다. 천국과도 같았던 몰디브에서 다툰 이유는 우습게도 기억이 나질 않는다.

다툼으로 시작된 2년간의 신혼 생활은 꽤 대단한 시간이었다. 우리는 다툼, 화해, 조정, 이해, 용서, 배려 등 수많은 갈등 상황을 헤쳐 나왔다. 이 수많은 갈등의 이유는 모두 제각각 다양하다. 성의를 몰라줄 때, 배려했는데 인정을 못 받을 때, 칭찬이 부족할 때, 말을 오해할 때 등 무궁무진하다. 사실 신혼 시절 우리의 다툼은 거의 내가 잘못하고 혼나는 식이 대부분이었다.

아들을 낳고 기르고, 신혼 생활보다 훨씬 더 많은 시간을 보내며 우리는 많이 달라졌다. 신혼 때는 서로를 이해하지 못하고 도대체 왜 그럴까하며 다투었다. 이제는 서로 어떤 생각과 의도로 서로 무슨 감정을 느꼈는지 어떤 것에 분노했는지 뻔히 다 안다. 자신이 받아줄 마음과 감정의 여유가 있다면 어지간한 것은 그냥 지나간다. 이해해 주다가 어려워지는 찰나의 순간 부딪히는 것이 요즘의 다툼이다. 오랜 관계로 인해 사소한 것들은 잔가지 쳐내듯이 다 사라졌다.

최근에 우리 부부의 삶의 환경이 급변하면서 서로의 역할과 입장이 180도 바뀌었다. 그러면서 기분이 상하는 순간과 이유도 함께 변했다.

— 예전 한국에서의 생활
파랑이 주로 육아를, 나는 보조를

파랑: 나 오늘 아들이랑 이러이러해서 속상했어.
나: 음⋯. 이렇게 저렇게 해서 다음에는 안 일어나게 해보면 어떨까? (대부분 극단적인 방법)
파랑: 어떻게 그렇게 해. 아무튼 오늘 기분이 많이 안 좋았어.
나: 그렇다면 이런 방법으로 해보면 어떨까? (대부분 더 극단적인 방법)
파랑: 나도 생각은 해봤는데, 지금 당장 어떻게 해결할

수 있는 건 아닌 것 같아.

나: 그럼 매번 이렇게 속상해할 거야? 다음에는 안 그러도록 방법을 찾아야지! (남 일이라고 편하게 말함)

파랑 : 난 그냥 자기한테 칭얼대고 싶었어. 속상한 마음 알아주고 공감해 주길 바라고 얘기한 거야.

이렇게까지 파랑이 이야기하면 머리로는 이해가 되었지만 여전히 상황을 해결하고 싶은 욕망을 주체하지 못하고 찝찝해했기 때문에 대화는 잘 풀리지 않았다.

— 지금 호주에서의 생활
나는 육아를, 파랑은 공부를

나: 오늘 아들이랑 이런저런 일이 있어서 신경이 많이 쓰였어.

파랑: 음…. 이렇게 저렇게 해서 다음에는 안 일어나게 해 보면 어떨까? (대부분 현명한 방법)

나: 당장은 일단 지켜보려고. 아무튼 오늘 기분이 많이 안 좋았어.

파랑: 아, 이런 방법도 있겠다, 어때? (대부분 더 현명한 방법)

나: 나도 생각은 해봤는데, 지금 당장 어떻게 해결할 수 있는 건 아닌 것 같아.

파랑: 그래도 계속 신경 쓰일 텐데, 방법을 찾아보자.
(자기 일처럼 이야기하지만 이미 상한 마음)
나: 난 그냥 자기한테 칭얼대고 싶었어. 속상한 마음
알아주고 공감해 주길 바라고 얘기한 거야.

어느 날 돌아보니 내가 예전의 아내가 되어 있었다. 과거에는 내가 항상 공감 없이 해결책만 주야장천 외쳤다. 그저 속상함을 원천 차단하고 싶은 마음만 앞섰던 것 같다. 이제는 내가 해결책이 아닌 공감을 아내에게 바라고 있다. 크게 다른 점은 내 해결책은 항상 극단적이며 훈수를 두는 듯한 태도가 남아있지만 파랑의 제안은 재기발랄하고 아이디어가 넘친다는 것이다. 하지만 그런 순간에 필요한 것은 단지 서로의 생각에 대한 공감과 감정에 대한 이해라는 것을 알았다.

이런 날이 우리 부부에게 올 줄은 몰랐다. 내가 하고 싶고 자처한 육아 담당이지만 우리의 관계와 생각을 바꾸어 놓을 줄은 몰랐다. 절대 이해가 안 되었던 그때의 파랑의 감정을 이제는 누가 시키지도 않았는데 동일한 감정으로 느끼고 있다. 이곳 호주에서 새롭게 부딪히며 벌어지는 우리의 다툼은 이런 공감에 대한 서로 바뀐 상황 때문이다. 내가 이렇다면 아내도 동일하게 느끼고 있지 않을까? 바뀐 것은 상황과 역할이지만 결국 필요한 것은 서로에 대한 믿음이다. 지금 돌아보면 내가 공감하지 않고 무조건적 해결책을 제안했던 이유는 '이렇게 했으면 이런 일이 없었을 텐데…'라는 상대방에 대한 아쉬움 때문이었다. 파랑을 믿었다면 파랑의 선택이 그 상황에서의 최선이었음을 알고 마음을 다독여 주었을 것이다. 나는 조언이라는 핑계로 내 생각을 강요하고 싶었을 뿐이었다. 지금 내가 바라는 공감도 그와 다르지 않다. 내가 잘하고 있고 최선을 다하고 있다는 것을 믿어주고 내 속상한 감정을 알아주고 만져주길 바란다. 해결책을 제안하는 파랑의 태도와 생각은 나와 다르지만 나의 진짜 속마음은 알지 못한다. 그게 어떤 마음이더라도 서로를 조금 더 편안하게 믿어준다면 서로가 바라는 공감을 먼저 해줄 수 있지 않을까.

서로 바뀐 지금의 생활이 아직 제 옷 같지 않고 어색하다. 앞으로 우리 부부의 세상에는 이에 못지않을 변화가 무궁무진하게 남아 있다. 그때마다 우리의 감정과 생각은 변하겠지만 하나만 기억하고 마음속에 간직하면 된다. '서로에 대한 믿음', 난 분명히 파랑을 믿는다. 어떤 상황에서도 파랑은 현명한 판단을 내리고 최선의 노력을 할 것을 믿는다. 하지만 내 믿음과 별개로 나의 편협한 마음과 표현의 어설픔으로 이를 절반도 전달하지 못하는 것도 알고 있다. 그래도 우리는 서로를 믿는다. 다시 한번 우리가 서로의 옆자리에 있다는 것에 감사하며.

아이는 어떻게 다르게 커가는가?

아이가 진짜 주인공인 곳

호주에서 아이를 키우면서 자주 놀란다. 20~30년 전의 흐릿한 나의 기억과 많은 것이 달라졌기 때문이다. 우리 부부는 이미 경험한 우리나라의 교육 시스템이 지금도 크게 달라지지 않았을 것으로 판단했다. 그래서 우리 아들에게 이건 아니다 싶은 것을 경험하게 하고 싶지 않았다. 가난히 있어서 당하고 싶지는 않았기에 다른 대안을 찾아 이곳으로 떠나왔다. 이곳에는 사교육 열풍도 없고, 학군 자랑도 없고, 대학교 순위 경쟁도 없다. 아이들은 항상 뛰어놀며 밝게 웃고 그 사이에 우리 아이가 있다. 아이는 유치원부터 PREP(0학년)을 거쳐 초등학교 1학년을 다니고 있다. 그 과정에서 내가 느꼈던 놀라움들을 전하고자 한다. 다름 속에서 느껴지는 무언가가 누군가 가지고 있는 고민의 힌트가 되길 바라며.

✵ PREP이란

아들이 다녔던 PREP 과정은 신선했다. 7살 아이들이 초등학교에 들어가서 미리 준비하는 기간이다. 쉽게 말하자면 0학년이라고 생각하면 된다. PREP 전용 교복을 입고 선생님, 친구들과 1년을 보내며 본격적인 학교생활을 체험하고 준비한다. 놀이가 중심인 유치원과 달리 PREP은 조금 더 학습으로 무게 추를 옮기는 중간 과정 역할을 한다. 유치원에서 바로 1학년으로 올라갈 때 발생하는 어려움을 보완하기 위한 과정이다. 초등학교에 속해 있는 과정이기에 실제로 학교에 입학 등록을 해야 한다. 단순히 행정적인 절차일 거라고 지레짐작했는데 뒤통수를 제대로 맞았다.

입학 전, 설명회를 통해 학교에 대한 전반적인 소개를 받을 수 있었다. 쾌활하고 밝게 설명해 주던 선생님들은 알고 보니 교감, 교장 선생님이었다. 내가 아는 교감, 교장 선생님은 그런 분이 아니었다. 근엄하고 재미없는 훈화 말씀의 달인들이었다. 교장 선생님과의 인터뷰 시간은 옆집 이웃과 대화하듯 편안했다. 교장 선생님과 꽤 오래 대화를 나누며 아들에 대한 우리의 생각을 모두 전달한 후에는 학교에 믿음을 가지게 되었다. 형식적이라고 생각했던 처음과 다르게 점점 이 학교가 좋아졌다. 아들이 갈 학교의 교장 선생님과 이런 대화를 나누다니, 나의 경험과는 달라도 너무 달랐다. 가족 전체가 참석하는 오리엔테이션 날에 아이들은 내년에 갈

교실을 둘러보는 시간을 가졌고 부모들은 학교 이곳저곳을 둘러보며 안내를 받았다. 안내는 물론 교장 선생님이 맡았다.

입학 일주일 전에 미리 방문한 교실에는 1년을 함께 보낼 담임 선생님이 있었다. 우리에 대한 사전 정보를 꼼꼼하게 읽으신 뒤여서 배경을 잘 알고 있었다. 처음부터 느낌이 좋았다. 그 느낌은 틀리지 않았고 잊을 수 없는 1년을 보냈다. 지금도 믿을 수가 없다. 이 과정에서 경험한 모든 학교 직원과 선생님들은 하나같이 아이를 넘치게 따뜻한 시선으로 바라봤고 그런 환경에서 행복하게 PREP 기간을 보내며 1학년을 준비했다.

☀ 1년 더 머무를 수 있는 권리

여기서는 유치원에서 PREP으로 올라가고, PREP에서 1학년으로 올라가는 과정을 거친다. 그런데 유치원에 1년 더 머무르거나 PREP에 1년 더 머무르는 아이도 있다. 아직 준비가 안 되었다는 선생님과 부모의 공통적인 이해에 따른 결정 때문이다. 만약 내 아이가 그렇게 1년을 뒤처진다면? 세상이 무너지는 것 같고, 앞으로의 아이 인생이 이미 망쳐졌다는 기분이 들지 않을까? 남들은 다 다음 학년으로 올라가는데 우리 아이만 부족하다고 느껴 좌절할지도 모른다. 그러나 이런 일이 호주에서는 아주 흔하고 자연스럽다. 빠른 생일자의 아이를 1년 먼저 보내겠다고 난리였던 우리나라와는 사뭇 다르다. 여긴 각자의 리듬을 존중하고 무리하지 않는다. 서로 간의 경쟁에 조급해하지 않기 때문이다. 각자에게 맞는 적절한 속도로 나아간다. 만약 이곳에 비교하는 시선, 깔보는 태도가 깔려 있다면 남들보다 속도가 느린 아이들은 자리 잡기 어려웠을 것이다. 뒤처진다고 슬퍼하며 무리해서라도 아이를 올려 보내려고 했을 테니까. 아이가 다른 사람보다 앞서 달리기 위해 세상에 태어난 것인지, 각자의 인생을 나름의 방향과 속도로 살아가기 위해 탄생한 존재인지 생각해 봐야 할 순간이다.

☀ 아이들을 귀찮아하지 않는 곳

초등학교 때 연말이 되면 괜히 두근두근했다. '그것'을 발표하기 때문이다. 여기저기서 환호성과 실망이 교차하며 터져 나왔다. "와! 같은 반이다!", "친한 친구가 하나도 없네…." 바로 반 편성 발표다. 친한 친구와 한 명이라도 다음 해에 같은 반이 되길 바라며 선생님의 목소리에 귀를 기울였다. 1년 학교생활을 결정지을 수 있는 중요한 발표였지만 무슨 기준으로 반이 정해지는지 졸업할 때까지도 알지 못했다. 그저 복권의 결과를 운에 맡기듯이 괜한 기도를 해야 했다.

이곳 호주에 와서 아들을 학교에 보내며 가장 신경

쓰였던 부분도 이것이다. 유치원을 다니면서 친해진 몇몇 친구들과 다음 해에도 함께 지낼 수 있다면 새로운 환경을 힘들어하는 아들에게 큰 도움이 될 것 같았다. 그러던 어느 날 유치원으로부터 낯선 종이 한 장이 전달되었다. 그 종이는 다름 아닌 **내년에 같은 반이 되고 싶은 친구 목록**이었다. 친하게 지내는 친구들 이름을 적어서 제출해주면 이 리스트를 고려해서 반 편성을 하겠다는 의미였다. 당연히 모든 친구와 같은 반이 될 수 없겠지만 최대한 많이, 최소한 1명은 함께 배정되도록 하겠다는 안내가 쓰여 있었다. 놀라웠다. 학교에서 아이와 부모에게 의견을 낼 기회를 주고 의견을 반영하여 반 편성을 한다니. 나는 작성해 내면서도, 실제로 반 배치가 되는 순간까지도 의심을 늦추지 않았다. 그런데 처음 PREP 담임 선생님을 만나러 가는 날, 정말로 아들이 친하게 지내는 친구가 같은 반임을 확인했다. 덕분에 아들은 PREP에서 한 해 동안 그 친구와 단짝으로 즐겁게 생활했다. 단 한 명이라도 의지하고 믿을 친구가 있다는 것이 얼마나 큰 힘이 되는지 모두 잘 알 것이다. 아들은 이렇게 아이들을 배려하는 호주의 학교 덕을 크게 보았다.

다음 해 1학년으로 올라가기 전에도 역시 그 리스트를 받았다. 이번에는 PREP 과정과 조금 달랐다. 선생님과 아들이 면담을 통해 미리 5명의 친구를 정해서 우리에게 보내주었다. 아이와 최종적으로 상의해서 수정 및 확정 후 제출해 달라고 했다. 종이에 적힌 5명의 아이들을 보니 평소에 아들이 이야기하는 친구들과 조금 달랐다. 아들에게 물어보니 선생님이 함께 공부하기 좋은 친구들이 누군지 물었다고 한다. 그래서 우리는 질문을 바꿔서 물어봤다. 함께 놀기 좋은 친구들이 누군지. 그렇게 올라간 1학년 새 반에는 아들과 어울리던 친구가 2명이나 있었다. 앞으로도 계속 학년이 올라갈 때마다 같은 반 친구들이 바뀌겠지만 우리는 크게 걱정하지 않는다. 최소한 1명은 아들의 버팀목이 되어줄 것이기 때문에.

호주에는 미리 윗학년을 체험하는 활동도 있었다. 말 그대로 유치원 때는 PREP 교실에, PREP 때는 1학년 교실에 견학을 하러 간다. 한 번 둘러보고 오는 것이 아니고 여러 번의 기회를 갖고 수업에 참여하기도 한다. 그렇게 새로운 환경을 미리 접하고 한 학년 위의 친구들과 어울리면서 어색함과 두려움을 덜어낸다. 아직 많이 어린 아이들에게는 이런 경험이 도움이 된다. 새로운 환경이 마냥 낯설고 힘든 우리 아들만 봐도 알 수 있다. 아들은 윗학년 견학을 마치고 온 날이면 이런저런 이야기를 해준다. 내년에 자신이 갈 것이라고 인지하고 미리 마음의 준비를 하는 것 같다.

위에서 이야기한 반 편성 사전 조사와 사전 적응 프로그램은 모두 아이들이 학교의 중심이기 때문에 가능한 것이다. 나의 대부분의 학창시절을 떠올리면 학교와 선생님이 주인공이었다. 매년 새 학년이 되면 설렘보다는 낯섦과 외로움이 따라왔다. 아이들은 간편하게 새로운 곳에 던져졌고 아무도 그런 것들을 들여다보지 않았다. 이곳에서 주인공으

로서 학교생활을 시작하게 된 아들을 보면 부러움과 안도감
이 함께 몰려온다.

☼ 숙제에 대한 새로운 관점

　　호주도 집에서 하는 숙제가 있다. 하지만 우리에게
각인된 지겹고 하기 싫은 그것과는 다르다. 우선 숙제에 대한
책임과 의무는 아이가 아닌 부모에게 있다. 처음 받았던 숙제
에 대한 인상적인 설명이 아직도 기억난다. "**아이들이 학교에
서 배운 것을 집에서 보여주고 자랑하기 위한 것입니다.**" 부
모에게 자신이 이런 것도 할 줄 안다고 자랑하며 즐기라는 것
이다. 지겨운 숙제처럼 매일매일 꼭 해야 하는 것이 아니고
그때그때 상황에 맞춰서 하면 된다. 중요한 것은 아이에게 부
담을 주지 말아야 하고 부모도 부담을 가지면 안 된다는 점
이다. 숙제의 의의도 놀랍지만 더 놀라운 건 숙제 내용이다.

　　1학년이 되어 아들이 처음 가져온 숙제에 나는 잔뜩
긴장했다. 이제 정식으로 초등학교에 들어갔으니 어쩐지 본
격적인 학습의 길이 펼쳐질 것 같았다. 놀랍게도 아들이 전해
준 첫 숙제는 '산과 바다로의 탐험'이었다. 그곳엔 이렇게 적
혀 있었다. '**가족들과 산책하러 나가서 행복한 것, 즐거운 것,
감사한 것을 찾아보세요.**' 숙제에 대한 설명을 아들은 명쾌하
게 재해석했다. 그렇게 우리 세 가족은 아들의 첫 숙제를 위

한 모험을 다녀왔다. 그 이후의 숙제도 크게 다르지 않았다. 아이가 배우고 온 것을 함께 나누고 공유하는 순간들이었다. 자연스럽게 학습 내용과 아이가 무엇을 좋아하는지를 깨달을 수 있었다. 이곳의 숙제는 아이를 힘들고 괴롭히는 것이 아니라 부모와 아이를 연결해 주는 고마운 존재다.

❊ 모두 다른 아이들을 대하는 각각의 방법

나의 학창 시절을 생각해 보면 선생님과 부모님이 따로 만나는 일은 큰 문제가 있을 때뿐이었다. "부모님 오시라고 그래."라는 말은 선생님 입에서 나오는 가장 무서운 대사였다. 부모님이 선생님을 뵙는 일 없이 무사하게 보내는 것이 한 해의 목표이자 성과이기도 했다. 이렇다 보니 부모님도 학교에서 연락이 오는 일은 매우 드물며, 있으면 큰일이 나는 것으로 이해했다. 학교에서 받아 볼 수 있는 아이의 소식이라고는 숫자만 빽빽한 성적표가 전부였다. 뻔하디 뻔한 생활기록부의 문장들은 학교생활을 파악하는 데 큰 도움이 되지 않았다. 그만큼 부모와 학교와의 거리는 명백했다. '치맛바람'이라는 단어는 그냥 생긴 것이 아니다. 쉽게 관여하지 않는 학교에 영향력을 행세하려는 부모들 때문에 나온 말이다. 이렇게 학교는 부모가 선생님에게 모든 것을 믿고 맡기는 철저하게 단절된 공간이었다.

당시 50명 가까이 되는 친구들과 같은 반에서 지냈다. 그들과 놀며 지내기는 풍족한 숫자였다. 그렇지만 수업하는 선생님 입장에서는 어마어마한 인원이 아니었을까. 요즘엔 무엇을 해도 1:1 맞춤이 기본으로 따라다니는데 그때 교단에 선 선생님 한 사람의 방식과 수준에 모든 학생이 맞춰야 했다. 1대 50. 누가 얼마나 알고 따라오는지 확인이 불가능한 숫자다. 한 명씩 질문이라도 했다면 수업 시간이 모자랐을 것이다. 모두가 질질 끌려가는 상황이었다. 뒤처지는 학생이 있더라도 정해진 분량을 정해진 시간에 맞춰 나아갔다. 이런 상황이니 아이들마다의 다름을 파악하고 이끌어주기는 어려웠다.

아이의 담임 선생님과의 인터뷰 날이었다. 인터뷰 자료에는 배우는 영역별 터득해야 하는 기술들, 기간별로 이루어야 할 단계적 목표들이 빼곡하게 적혀 있었고 아들의 현재 상태를 한눈에 알 수 있었다. 학교에 대한 이런 기억을 긴직한 나였기 때문에 아들 선생님과의 첫 인터뷰는 놀라웠다. 1년에 몇 번 정기적으로 부모와 선생님이 마주할 기회가 정해져 있다는 사실도 믿기 어려웠다. 선생님은 학부모와 아이들에 대한 이야기를 나누는 것을 매우 중요한 일로 여기고 있었다. 아이들의 이야기를 전하는 선생님의 사랑과 열정이 고스란히 느껴졌다. 선생님은 세심하고 꼼꼼하게 학생들을 파악하고 이해하고 있었다. 수준별 맞춤 학습은 환상 속의 이야기인 줄로만 알았다. 훌륭한 선생님을 만난 것에 더불어 호주의 교육 시스템에 감사하는 순간이었다.

아들은 행복하게 적응하며 배워가고 있었다. 아이들을 압박하거나 부담주지 않으면서 아이들이 배우는 것의 의미를 스스로 익히고 깨닫게 도우려는 것이 이곳의 원칙이다. 학업을 이제 막 시작하는 초등학교 1학년에 가장 필요한 부분이다. 선생님의 설명 속 아들은 배움 자체를 즐기고 있는 것처럼 보였다. 하나의 수준에 맞춰 아이들을 몰아세우지 않고 25명을 한 명 한 명 살피며 그 해에 배워가야 할 것을 아이의 특징에 맞게 일깨워 주고 있었다. '따라올 사람은 알아서 따라와라. 뒤처지는 사람 챙길 여유 없다.'가 아닌 '아직 **부족하면 다시 알려 줄게. 필요한 부분은 다시 해보자. 저 앞까지 같이 가보자.'**

서로 다른 아이들이 모여서 배워가는 곳의 모습은 이래야 하지 않을까? 이렇게 각각의 다름을 존중 받고 이해 받는 모습이 학교에 있어야 한다. 학교가 성적이 잘 나오는 학생만을 위해 존재해서는 안 된다고 생각한다. 대학 입시만을 위해 묻지도 따지지도 않고 달려가는 모습은 모두에게 편리할 수 있지만 이게 선생님, 부모, 학생이 기대하는 학교의 모습일까? 공부는 잘할 수도 못할 수도 있다. '서로 **다름을 이해하는 것'**, 그것 하나만이라도 제대로 가지고 사회에 나올 수 있다면 학교의 역할은 충분하다.

새로운 곳에서 아이를 키운다는 것은

낯선 문화와 친해지기

파랑이 수업을 듣는 대학 강의실에 한 학생이 4살 정도의 아들과 함께 들어왔다. 유치원 방학 때 아이를 맡길 곳이 마땅치 않았기 때문이다. 교수님이나 다른 학생들 반응이 어땠을까? 아니, 그전에 한국에서의 반응을 먼저 예상해 보자. 부정적인 시선을 먼저 보내지는 않았을까? 다시 호주의 강의실로 돌아가 보자. 그곳에서는 한바탕 환호성이 울려 퍼졌다고 한다. 교수님도 어린아이의 자리를 따로 마련해 주고 다른 학생들도 반갑게 인사해 주었다고 한다. 엄마 옆자리에서 헤드폰을 쓰고 영상을 보던 아이가 중간중간에 웃으면 다 함께 웃으며 강의를 이어갔다고 한다. 아이 키우는 것을 존중하는 사회 분위기를 충분히 느낄 수 있던 경험이었다.

호주에서 길을 가다 보면 현지인 가족의 아이들 숫자에 놀라곤 한다. 느낌 탓이겠지만 자녀 3명은 기본처럼 보인다. 더 많게는 4명, 5명, 6명까지도 목격했다. 호주는 아이들을 키우는데 실질적인 경제 지원을 해준다고 한다. 그래서 하나를 낳으면 둘을 낳고, 둘을 낳으면 셋을 낳으면서 여유롭게 아이들을 키워 나간다. 우리나라도 많이 나아지고 있다고 하지만 우리만 해도 첫째 아이를 맞벌이하며 키우는 게 어려웠다. 둘째를 고민하다가 첫째 키운 기억이 나서 바로 생각을 접은 것을 보면 아직 갈 길이 멀다. 우리나라도 둘, 셋 이상 낳아서 키우는 가정에게 보여주기식 말고 현실적인 도움이 필요하다. 아이는 낳으라고 하면서 키우는 건 알아서 하라는 분위기는 서로 어울리지 않는다.

호주에서 아이를 자라게 하는 시간은 새로움으로 가득했다. 아이에게도 우리 부부에게도 그동안 살아온 한국의 문화와는 다른 부분들이 신선하게 다가왔다. 때론 낯설어하기도 어색해 하기도 했고 때론 그 독특함에 즐거워 하며 신나하기도 했다. 짧지만은 않은 기간 동안 우리가 경험하고 새겨둔 추억의 순간들을 남겨 놓는다.

☼ 아버지의 날

호주에서 어버이로 지내면서 5월을 기다렸다. 그런데 어버이날은 없고 비슷한 시기인 5월 둘째 주 일요일에 마더스 데이, 엄마의 날이 있었다. 본격적으로 아빠로서 지내보려던 나는 김이 팍 샜다. 어느 날, 라디오에서 파더스 데이를 준비하라는 광고가 줄기차게 이어졌다. 여긴 엄마, 아빠를 따로 챙기고 있었다. 아빠의 날은 매년 9월 첫 주 일요일이다. 부모의 사랑을 하루에 몰아서 감사하는 것도 좋지만 이렇게 각각 다른 역할을 떠올리며 기념하는 것도 나쁘지 않았다. 아빠만을 위한 가족들의 선물과 인사를 받는 기분은 색달랐다.

☀ 플레이 데이트

호주에는 플레이 데이트Play Date라는 문화가 있다. 아직 혼자서 나가 놀지 못하는 아이들이 친구들을 만나도록 부모가 하는 놀이 약속을 말한다. 학교 다닐 때는 평일에 매일 만나니 별로 필요가 없는데 긴긴 방학을 보내기엔 아쉬워진다. 부모가 놀아주고, 혼자서 노는 것도 분명 한계가 있다. 플레이 데이트는 풍성한 방학을 만들어준다.

여러 가지 요소에 의해 플레이 데이트의 종류가 달라진다. 먼저 장소다. 서로 집에서 만날 수도 있고 공원이나 놀이터, 키즈 카페, 전자오락실 등에서도 가능하다. 아이들 성향에 따라 천차만별일 것이다. 활동적인 친구들은 밖에서 자전거나 킥보드를 타고 만난다. 사부작거리며 놀기를 좋아하는 아이들은 서로의 집에서 모인다. 언제 만나서 얼마나 놀 것인가도 중요하다. 대게 2~3시간이면 충분하다. 아이들이야 내버려 두면 하루고 이틀이고 계속 놀 수 있겠지만 서로의 생활 패턴도 있고 하니 이 정도 놀고 헤어진다. 헤어질 때의 모습은 언제나 아쉬움 투성이다. 중요한 점은 식사 시간을 피해서 약속을 잡는 것이다. 놀이 시간이 2~3시간인 이유와 통한다. 식사 시간을 피해서 잡고 놀이를 마무리 지으면 각자 집에 식사를 하러 돌아간다. 밖에서 놀든 집에서 놀든 서로의 부담을 줄이기 위해서다. 물론 서로 간의 동의를 통해 간단한 식사를 함께하기도 한다. 알레르기나 못 먹는 음식이 있는지 사전에 확인하는 것도 필요하다. 부모까지 동반해서 다 함께 만나면 아이는 아이끼리 놀고, 어른은 어른끼리 수다를 떨기도 한다. 하지만 양쪽 부모가 꼭 같이 있을 필요는 없다. 친구 집에 아이를 데려다주고, 약속된 시간이 되면 데려가는 방식도 있다. 이때 빼먹지 않으면 좋을 준비물이 있는데, 바로 개인 물병, 여벌 옷이다. 예측 불가한 아이들을 위한 필수품이다. 노는 데에 진심인 아이들을 위해 빈틈없이 준비한다.

특히 방학 기간의 플레이 데이트는 부모가 서로 바라고 필요로 하는 약속이다. 그 긴 시간을 계속 아이와 놀아주기가 힘들기 때문이다. 아이들은 또래 친구들과 노는 시간이 간절하다. 부모가 신경 써서 잡은 플레이 데이트는 아이에게 굉장한 선물이다. 돌아보면 나도 방학 때 가끔 만나서 노는 친구들과의 추억이 특별하게 남아 있다. 아들도 방학 때 원 없이 친구들과 놀아서 즐거웠다고 한다. 이 플레이 데이트도 아이가 크면 필요가 없어진다. 그땐 알아서 자기들끼리 만나서 놀 테니. 우리가 그랬던 것처럼 말이다. 이것도 딱 이맘

때만 가질 수 있는 부모와 아이와의 추억이다.

☀ 생일 파티

아이의 생일 파티에 친구들을 초대하기로 했다면 날짜와 시간을 가장 먼저 결정해야 한다. 주중이냐 주말이냐를 따져보고 생일 전날에 부모가 준비하는 시간도 고려해야 한다. 파티 시간은 2시간 정도로 잡는다. 우리는 학교 끝나고 바로 시작해서 저녁 전까지인 평일 오후 3~5시로 정했다. 다음은 파티 장소다. 어디서 할 것인가? 그동안 가본 생일 파티 경험과 주변 베테랑에게 들은 결과 몇 가지 유형이 있었다. 먼저 집은 가장 쉬운 선택지이지만 대규모 손님을 맞이할 생각을 하면 아찔해지기도 한다. 공원과 놀이터가 비용이 가장 높았다. 그만큼 시설이 많고 잘 되어있다. 여름이 길고 물과 친한 환경인 이곳에선 수영장에서도 파티를 종종 열지만 너무 어리면 안전사고를 고려해야 한다. 편하게 키즈 카페의 파티 룸을 빌려서 모든 것을 맡기는 방법도 있다. 미술 학원에서 그림을 그리며 하는 파티, 전자오락실에서 놀고 즐기는 파티 등 생일 파티를 열어주는 다양한 장소가 있으니 아이와 친구들의 성향을 파악해서 열어주면 특별한 경험을 만들어 줄 수 있다. 우리는 호주 생활도 그렇지만 아이 생일 파티에는 생초보였기 때문에 리스크를 최소화하고 무난한 선택을 할 수밖에 없었다. 시작 시각도 학교 마치고 바로였기에 멀리 이동하는 선택지는 배제하여 학교에서 가깝고 크고 넓은 공원의 테이블로 정했다.

지금 돌아보면 생일 파티 초대장이 가장 핵심이었다. 누굴 초대하고, 어떻게 전달해서, 누가 오는지 확정하기. 학급 단체 사진을 펼쳐두고 아들과 함께 정했다. 아들은 아주 확고했다. 고르고 골라서 딱 10명을 정했다. 아들 취향에 맞는 생일 초대장을 사서 필요한 정보를 담았다. 생일자 이름, 초대자 이름, 장소, 시간, 연락처, 회신 기한. 이 생일 초대장의 디자인이 생일 선물에 힌트를 줄 수 있다. 어떤 캐릭터나 동물이 들어 있으면 이를 고려해서 선물을 고르게 된다. 정성껏 만든 초대장을 정확히 전달해야 했다. 우리는 초대하지 않은 친구들이 초대장을 발견하면 소외감을 느끼지는 않을까 걱정이 되었다. 미리 담임 선생님에게 도움을 요청했다. 친구들 가방에 살며시 넣어달라고. 그날 하교 시간에 조용히 선생님께선 미션이 성공했다는 의미로 엄지를 들어주었다. 그 후 참석 여부 회신을 기다리는 기간은 속이 타들어갔다. 일주일 정도 넉넉한 기간을 주었다고 생각했으나 정작 답이 온 것은 몇명 되지 않았다. 아들을 통해 초대한 친구들에게 물어보라고 부탁했다. "내 생일 파티 올 거야?" 모두 온다고 했단다. 아차 싶었다. 친구들은 모두 갈 마음이겠지만 그들의 부모님은 생일 파티의 존재도 모를 수도 있었다. 질문을 바꿔서 부탁했다. "내 생일 파티 온다고 엄마한테 말했어?" 이미 회신 기간은 지났지만 우린 초조하게 기다림을 이어갔다. 아들의 미션 수행이 성공적이었는지 다양한 방식으로 하나둘씩 연락이 왔다. 오고 가는 등하굣길에 얼굴을 보고는 "미안해! 정신이 없어서 연락을 못했어. 우리 갈 거야." 다른 친구 생일 파티에 만나서는 "다음 주에 생일 파티지? 우린 당연히 갈게." 아주 뒤늦게 문자로 "미안해. 너무 늦었지. 우리 가도 될까?" 이렇게 생일 전날 밤 연락을 주기도 했다. 자녀가 한두 명이 아니니 제때 챙기기 어려웠으리라. 생일 파티에는 부모들을 포함해서 형제자매가 모두 다 같이 오므로 넉넉하게 준비하자.

　　　생일 파티에는 게임과 상품이 꼭 있다. 우리도 동물 꼬리 붙이기Pin the Tail on the Donkey, 선물 꾸러미 돌리기Pass the Parcel, 매달린 과자 상자 터트리기Pinata로 결정했다. 특히 우리는 2시간동안 다른 부모들과 영어로 대화를 이어나갈 자신이 없었기에 최대한 많은 게임을 하기로 마음먹었다. 동물 꼬리 붙이기는 눈을 가린 뒤 비어 있는 꼬리 쪽에 들고 있는 꼬리를 붙이는 놀이다. 가장 가깝게 붙인 친구들에게 상품을 준다. 선물 꾸러미 돌리기는 여러 선물을 겹겹이 싼 꾸러미를 둥그렇게 둘러앉아서 옆으로 전달하다가 노래가 멈추면 그때 가지고 있던 사람이 포장을 한 겹 까서 해당 선물을 갖는다. 중앙의 마지막 선물은 나름 특별한 것으로 준비한다. 매달린 과자 상자 터트리기는 예쁜 디자인의 종이 상자에 미리 과자, 캔디, 젤리, 작은 장난감 등을 잔뜩 넣어두고 매달아 두면서 시작한다. 한 명씩 눈을 가리고 막대기로 쳐서 터트린다. 쏟아지는 내용물에 달려가서 챙기면 된다. 마지막 장면은 전쟁 같기도 하다. 파티가 끝나면 손님들이 떠날 때 하나씩 작은 꾸러미를 들려준다. 구디백Goody bag이라고 하는데 잔치 답례품 같은 것이다. 내용물은 과자, 작은 장난감, 학용품 등이다. 이 봉투에 파티에서 받은 상품, 스낵들을 담는다. 적당한 손잡이가 있는 봉투에 넣어서 참석한 아이의 이름을 써서 준비한다. 형제자매를 위한 여분의 구디백도 함께 준비하면 좋다. 두둑한 선물 꾸러미를 흔들며 헤어질 땐 주는 마음도 받는 마음도 풍성해진다.

✵ 호주 초등학교 교복

　　나는 중학교 3학년 때 가야 할 고등학교를 골라야 했다. 작은 도시에서 갈 수 있는 고등학교는 세 곳이었고 다 고만고만했다. 집에서 학교까지의 거리도 모두 비슷했다. 나름 3년이라는 꽤 긴 시기를 책임져 줄 곳이라서 무언가 합리적인 이유가 필요했다. 고민 끝에 찾은 이유는 교복이었다. 그 고등학교의 교복이 다른 학교들보다 멋져 보였다. 오래된 추억이 떠오른 것은 아들이 학교에 가면서 교복을 입기 시작했기 때문이다. 늘 자유롭게 입고 지냈던 아들이 정해진 옷을 과연 잘 입고 다닐까 걱정이 많았다. 걱정과 다르게 아들은 계절의 흐름에 맞춘 옷차림이 이젠 자연스러워졌다.

　　구성은 이러하다. 기본은 폴로셔츠, 반바지, 양말, 운동화를 입고 가방과 모자를 챙긴다. 여름에는 좀 더 얇은 셔츠를 입고 겨울에는 긴바지, 스웨터, 조끼, 점퍼를 더한다. 매주 금요일은 운동복을 입는다. 색깔 셔츠와 체육복 바지를 입는다. 그 색깔은 4가지 빨강, 노랑, 초록, 파랑 색 중 하나로 정해진다. 아이들도 금요일에는 기분을 내는 셈이다. 새 교복은 한 벌에 대략 30~50불 정도 하는데 이 가격이 부담이라면 좋은 방법이 있다. 바로 물려 입기다. 학교에서도 자체 중고가게를 운영한다. 이곳에서 못 구했다면 동네마다 있는 중고가게를 가서 사면 된다. 우리 가족은 주로 중고품을 이용한다. 교복을 입혀 보내니 편하다. 옷을 살 필요도, 고를 필요도 없다. 아이가 소속감을 느끼면서 학교 생활에 적응해 가는 것도 체감할 수 있다. 교복을 입는 순간의 감동을 생각보다 빨리 만났다. 매일 아침 교복을 입으면서 학교에 갈 준비 하는 아들의 모습을 흐뭇하게 바라본다.

좀 더 이곳에 머무르기로 했다

휴직 연장

오기 전에도, 오고 나서도 끊임없이 호주에 왜 갔는 지 질문을 받는다. 우리가 호주에 온 이유는 무엇일까?

한국에서 아들을 공동육아 어린이집에 보내려고 할 때 첫 면담의 질문이 기억난다. '나중에 아이가 대학을 안 간 다고 한다면 어떻게 할 것인가요?' 그때부터 우리는 육아와 교육에 대한 서로의 생각을 조금 알게 되었고 그게 우리 가 족의 미래에 대한 고민의 시작이 되었다. 공동육아 생활을 하 며 지내던 3년 차, 아들이 6살이 되던 해에 일단 미루어두었 던 아들의 교육에 대해 고민하게 되었다. 내후년이면 학교를 가게 되는데, 어디로 어떤 학교를 보낼 것인지부터 시작이었 다. 그냥 집 주변 일반 초등학교를 보내야 하는지 대안 학교 를 찾아서 보내야 하는지부터, 학교에 가게 되면 등교 시간에 는 어떻게 하고, 하교 시간에는 누가 어떻게 아이를 돌볼 것 인지, 다른 아이들처럼 다른 사람을 써야 하는지, 학원 뺑뺑

이를 돌려야 하는지까지. 아직 경험하지도 않았지만 거부하고 싶은 현실이 마구 상상되었다. 확실한 것은 우리는 아이를 쳇바퀴에 밀어 넣고 싶지 않았다.

　　　이런 고민 속에서 먼저 아내의 건강에 적신호가 켜졌다. 그 당시는 변화가 많았던 회사 생활 탓에 지금껏 봐온 파랑 인생에서 육체적으로도 정신적으로도 최악인 시기였다. 우리는 이런 상황을 지켜보며 함께 마주 앉아 이야기를 나누었다. 현재의 힘듦, 그리고 앞으로 생길 수많은 고민들을 어떻게 헤쳐나갈 것인가. 겉으로 보기엔 남부럽지 않게 살아가는 것 같지만 이런 삶이 언제까지 계속될 것이며 실제로 우린 행복하게 살고 있는 것일까? 지금껏 많은 이야기를 나누어 왔지만 구체적으로 서로 원하는 바가 무엇인지는 몰랐다. 그래서 버킷리스트를 작성해 보았다. 서로의 생각과 앞으로 원하는 삶을 알게 되었다. 진짜로 원하는 것을 해보기로 헀디. 그 시기는 바로 지금이었다.

　　　시작은 아들의 교육이었지만 우리 부부의 앞으로의 인생을 위한 결정이었다. 우리의 결정으로 아들 교육도 크게 바뀌게 되었다. 아들을 입시 경쟁에 넣고 싶지 않았다. 다른 것을 해보지 않아서 어쩔 수 없이 하게 되는 공부는 시키고 싶지 않았다. 이것저것 경험을 많이 해보고 원하는 바가 있으면 그것을 하게 하고 싶었다. 공부는 하고 싶은 게 공부라고 생각되면 그때 하면 된다고 생각했다. 어린 시절에는 놀면서 세상을 알아가면 된다고 믿었다. 나름 한국의 쳇바퀴에서 하라는 대로 잘 굴러 보았던 우리 부부는 스스로를 돌아보면서 물었다. '그래서 우린 지금 행복한가?' 쉽게 긍정적인 대답을 할 수가 없었다. 우리가 그렇지 않다면 같은 환경에서 똑같이 자란 아들도 제아무리 쳇바퀴를 잘 굴리며 살았다고 해도 어느 시점엔 우리와 같은 고민에 빠질 것 같았다. 아들은 다른 삶을 살기를 바랐다.

그런데 왜 꼭 해외여야만 했을까? 우리가 하고 싶은 대로 한국에서도 살아갈 수 있지 않았을까? 물론 그럴 수 있고, 그렇게 하는 사람들도 많다고 알고 있다. 하지만 우리는 우리를 너무 잘 알았다. 우리 부부의 약한 마음으로는 주변의 오지랖과 잔소리, 그리고 보이지 않는 압박과 시선을 견디지 못하고 쉽게 지쳐 나가떨어질 게 분명했다. 그래서 물리적으로 차단할 수 있는 해외로 눈을 돌렸다. 왜 호주였을까? 따뜻한 곳에 살고 싶다는 파랑의 버킷리스트와 잘 맞아떨어지는 곳이 호주였을 뿐이다. 그게 전부다.

갑자기 왜 1년도 더 된 이야기를 꺼냈는가 하면 앞으로 1년을 더 이곳에 있게 되었기 때문이다. 고민 끝에 휴직을 1년 더 내게 되었다. 그 이유는 아주 복합적이다. 우선 지난 1년의 생활이 아주 만족스러웠다. 파랑도 건강과 활력을 되찾았고 아들도 새로운 환경에서 자연에서 뛰어놀며 다채로운 경험을 하며 자라고 있다. 나도 나만의 시간과 휴식을 가지며 육아 담당자로서, 아빠와 남편으로서 고군분투와 성장을 함께 해왔다. 현재의 정황도 고려했다. 지금 한국으로 돌아가더라도 누군가가 아들을 돌봐야 하는 문제는 그대로 남을 것이다. 아들은 지금 이곳에서 건강하게 지내며 온몸으로 새로움을 흡수하고 있다. 아들에게 중요한 시기라고 생각되는 지금을 불확실하게 보낼 수는 없다고 판단했다. 이런 시간을 갑자기 중단하여 놓치기 싫었다. 이 돌봄을 지속하기로 했다.

이렇게 다시 우리에게 1년이 주어졌다. 이렇게 긴 휴가를 가지는 것은 처음이라 기분이 묘하다. 지금이라도 회사에 돌아간다면 며칠 휴가 다녀온 것처럼 바로 적응해서 예전처럼 일하면서 다닐 수도 있을 것 같다. 1년이 더 지나도 그럴지는 잘 모르겠지만. 의미 없는 미래의 고민은 그만두고 다시 오늘, 지금을 살아보자. 이렇게 우리 가족은 호주에 좀 더 머무르게 되었다.

관계, 자유, 그리고 행복

육아휴직이 우리에게 가져다준 것

먼저 이 이야기는 실화임을 밝혀 둔다. 공동육아 어린이집에 야외 활동을 좋아하는 아이를 데리고 자주 놀러 다니는 아빠가 있었다. 승용차보다는 대중교통을 선호하여 아이와 둘이서 지하철을 타고 다녔는데 거의 타는 경로와 시간이 똑같았다. 한번은 같은 칸에서 여러 번 마주치던 어르신이 본인들을 유심히 바라보시더니 한마디를 던졌다.

"자네 혹시…. 사별했나?"

아이와 단 둘이 놀러 다니는 아빠를 보는 우리의 시선이 이렇다. 아빠와 아이의 나들이가 얼마나 어색했으면 생각 끝에 나온 결론이 '엄마가 없다.'라니. 이 일화를 들을 때는 조금 씁쓸하고 말았는데 이곳 호주에 오고 나니 안타까워졌다. 왜냐하면 이 곳에는 아빠들이 아이와 함께하는 것이 일상이기 때문이다. 학교를 오고 갈 때도, 공원과 놀이터에서 놀 때도, 마트에서 장을 볼 때도 아빠와 아이들이 있는 모습은 정말 흔하다. 이런 곳에서 육아휴직을 보내다 만약에 한국에서 지금처럼 보냈다면 어땠을까 생각하면 아찔하다. 매번 '제 아내는 살아있습니다.'라고 포스터를 붙이고 다닐 수도 없었을 테니 말이다. 극단적인 일례겠지만 다름을 단숨에 느낄 수 있는 좋은 예시다. 이렇게 난 아빠로서의 자연스러움이 가득한 분위기에서 하루하루를 잘 보내고 있다.

호주에서 지내면서 우리 가족은 많은 것을 경험하고 느꼈다. 먼저 가족 간의 관계가 깊어졌고, 각각이 느끼는 자유가 풍성해졌다. 그리고 이것들은 우리를 더욱 행복하게 해주었다. 이를 어떻게 하면 다른 이들에게 제대로 표현하고 정확히 전달할 수 있을까 많이 고민했고 순수한 아들의 말 한마디가 더 낫겠다는 판단을 내렸다. 지금 이 순간을 있는 그대로 받아들이고 거짓 없이 표현하는 아이의 말에서 우리의 변화가 느껴질 수 있기를 바란다.

✲ 단단한 관계

가장 크게 나와 아들의 관계가 달라졌다. 이제 우리는 함께 하루를 시작해서 마무리하는 것이 어색하지 않고 당연해졌다. 같이 한글 놀이를 하던 중이었다. 가족 중 가장 부지런한 사람이 누구고 하는 일이 무엇이냐는 질문에 아들이 이런 말을 꺼냈다. "**당연히 아빠지. 나를 돌보니까!**" 아이와 노는 것이 엄청나게 특별한 것이 아니다. 그저 아이가 하고 싶은 것을 함께하고 아이가 하고 싶은 이야기를 들어주면 된다. 아이와 가까이 지내다 보면 아이가 무엇을 좋아하는지 어떤 마음을 가졌는지 모든 것을 느낄 수 있다. 아이와 생각을 나누고 이야기를 나눌 수 있는 이 시간은 무엇과도 바꿀 수 없이 소중하다. 서로를 알아가고 친해지는 데 함께하는 시간이 쌓이는 것보다 더 좋은 방법이 있을까? 아들과 지내며 관계를 만들고 쌓는 방법에 새로이 눈을 뜨고 있다. 우리는 꽤 끈끈해지고 있다고 말할 수 있다.

　　우리 부부는 이곳에서 입장이 180도 달라졌다. 주양육자가 파랑에서 나로 바뀌었기 때문이다. 공감을 간절히 바랐던 과거의 파랑, 그리고 이를 이해하지 못했던 나. 이젠 내가 반대로 공감을 갈구하며 우리는 완전히 뒤집혔다. 서로 바뀐 생활과 역할에는 어색함이 남아 있지만 이런 뒤바뀜 덕분에 서로를 더 잘 이해하기 시작했다. 앞으로 어떤 상황을 겪더라도 우리는 서로에 대한 믿음 하나만 기억하고 마음속에 넣으면 될 것이다. 어느 날 갑자기 우리를 빤히 쳐다보던 아들이 말했다. "오늘 보니까 아빠랑 엄마랑 딱 맞는 것 같아. 아빠랑 엄마는 어떻게 딱 맞는 사람을 만났지?" 이렇게 바로 옆에서 지켜본 사람의 확실한 증언도 확보하고 있다. 파랑과 아들의 관계는 따로 언급하지 않는다. 말이 필요 없다. 그들은 이미, 지금도, 앞으로도 최고다.

✵ 진정한 자유

이곳에서 아들은 모든 것을 새롭게 접하며 무엇을 좋아하고 잘하는지 깨달아가고 있다. 하고 싶은 게 있으면 하고, 하기 싫은 게 있으면 하지 않는다. 아들은 도전하고 경험할 자유와 직접 판단하고 결정해 나가는 자유를 마음껏 누리고 있다. 학교가 꽤 익숙해진 어느 날 내게 비법을 전해주었다. **"아빠 말대로 기분 좋게 생각하고 말을 바꾸었더니 몸이 변해!"** 아들은 영어가 서툴러 처음에는 학교에 가는 걸 낯설어했다. 그래서 학교에서 즐겁게 논다고 생각하는 건 어떨까 조언해 주었더니 이렇게 스스로 하나씩 알아가며 단단한 자신을 만들어가고 있었다. 만약 남이 정해 놓은 경쟁의 트랙을 달렸다면 아들이 이런 자유를 누릴 수 있었을까? 아마 그러기 쉽지 않았을 것이다. 우리 부부가 그러지 못했던 것처럼. 이 자유를 계속 지켜주고 싶다.

늦깎이 대학생 파랑은 호주에서 하고 싶은 공부를 하고 있다. 내가 공부할 만한지 물어보면 "내가 하고 싶어 하는 공부라서 그런지 재밌어."라고 말해준다. 우리가 무엇을 배우는 것에 진정한 자유를 가졌던 적이 있을까? 학교를 들어가면 대학교에 입학하기 위해 이미 정해진 것들을 외운다. 대학교에서 무엇을 배울지 정하는 전공은 점수에 맞춰서 선택된다. 그리고 사회에서 배우는 직장도 받아주는 곳이라면 어디라도 들어가야 하고, 그 안에서 하고 싶은 일을 고르는 것은 어불성설이다. 이렇게 살아오다가 본인이 선택하고 결정한 공부를 하는 파랑의 마음을 대충은 알 것 같다. 내가 하고 싶어서 하는 공부. 나는 아직 경험하지 못해서 정확히는 모른다. 하지만 즐겁게 공부하는 파랑을 옆에서 보면 정말 행복한 자유구나 싶다.

나는 단 한 번도 멈췄던 적이 없었다. 초등학교, 중학교, 고등학교, 대학교, 군대, 연수, 취업까지. 말 그대로 태어나서부터 지금까지 쭉 달려왔다. 아쉽게도 달려오는 과정에서 내가 나만의 생각을 가진 적은 거의, 아니 전혀 없었다. 정해진 대로 살아왔고 그것에 맞춰가며 잘 살아가고 있다고 믿었었다. 처음으로 멈춰 선 지금, 여름 방학 이후 처음인 생활 계획표도 만들어보고, 집안일과 육아에 힘쓰고 있다. 살림도 이젠 수준급이다. 어느 날 아들이 내게 뜬금없이 선물을 주며 말했다. **"아빠가 집안일을 너무 잘해서 주는 거야. 쉬는 시간도 조금밖에 없잖아."** 아들은 쉬는 시간이 적다고 말했지만, 시간을 쪼개어 나만의 생각을 글로 적어 나가고 있다. 이 시간을 갖지 않았다면 내가 언제 이런 나만의 자유를 만끽할 수 있었을까? 그저 아내도 아이도 돌아보지 못하고 달리다 달리다 지쳐서 쓰러진 뒤에 이런 말을 내뱉지 않았을까? "바쁘게 사느라 아내가 어떻게 늙는지도, 아이가 어떻게 자라는지도 몰랐다. 나조차도 돌아보지 못한 내 삶이 너무 후회된다." 세상에서 가장 슬픈 말을 하지 않게 해준 지금의 자유로움에 감사하다.

☀ 지금 바로 여기서 행복

서로 간의 단단해진 관계와 각각 누리고 있는 자유 덕분에 우리는 지금 행복하다. 행복이 무엇인지 정확히 답하기는 어렵지만 지금 우리가 그렇다고 자신 있게 말할 수 있다. 모두가 각자 자유로우면서도 서로를 믿는 지금을 행복이라는 말 외에 무엇이라고 표현해야 할지 모르겠다. 우리는 이제 한국에서의 바빴던 나날이 기억이 잘 나지 않는다. 아들에게 해가 뜨기 전에 나가서 해가 진 후에 돌아왔던 그때의 아빠 엄마를 기억하냐고 물으면 눈이 동그래지면서 이렇게 말한다. "잘 기억이 안 나. 그렇게 되면 슬플 것 같아. 지금이 좋아." 나도 항상 가족과 함께하며 옆에서 느낄 수 있는 지금이 좋다.

이제 후회는 하지 말고 지금만 바라보기로 했다. 무언가를 직접 생각하고 결정한 것이 내 삶에 일나나 있있니. 지금 내리는 결정에 직접 내 삶을 살아가는 기분이 들어 만족스럽다. 마음을 정하고 그렇게 살고자 하면 방법은 생기기 마련이다. 이런저런 이유와 핑계는 그저 그렇게 살고 싶지 않기 때문에 생긴다는 것을 스스로가 제일 잘 알고 있다. 난 내 결정을 믿는다.

아이의 세상에는 두 개의 큰 축이 존재한다. 바로 아빠와 엄마다. 한 아이의 절반을 차지한다는 것은 큰 부담이며 그 절대적인 영향력에 대한 책임감도 아주 크다. 이제 막

사회에 나가기 시작했고, 점점 자신만의 세상이 생기겠지만 한동안은 부모가 아이에게 끼치는 영향은 굉장하다고 할 수 있겠다. 우리는 이것을 언제나 인지해야 하고 조심해야 하며 한편으로는 보람을 느껴야 한다. '알아서 크겠지. 누가 키워주겠지.' 하면 결국 그 안일한 태도 자체를 아이가 닮는다.

돌아보면 어떤 굉장한 결정이나 결과도 그것만으로 끝나는 법이 없다. 작은 결정이 모여서 또 다른 과정을 만들어가는 것이다. 그렇기에 우리 인생의 모든 결정은 과정일 뿐이다. 내가 내리고 있는 지금의 결정이 어떤 과정을 불러올지 기대가 된다. 아이와 함께하고자 했던 이 시간이 내 아이에게, 그리고 내 삶에 어떤 길을 열어줄까. 이 궁금증은 미래에 닥쳐올 불확실한 두려움 같은 것이 아니다. 흥미진진한 크리스마스 선물을 기대하는 마음에 더 가깝다. 미래를 두려워하고 걱정하기보다는 바라고 기대하는 삶이 더 좋지 않을까? 지금 난 내일이, 또 모레가 기대되는 삶을 살고 있다.

이제
아빠가 되어
보자

아빠 육아는 왜 외로운 걸까?

육아빠와 육안빠

맞벌이 부부였던 우리를 두려움에 떨게 했던 소문이 있다. '워킹맘은 엄마들 커뮤니티에 안 끼워준대.' 유치원을 보내고 학교를 보내면 엄마들끼리 자연스럽게 모임이 생기는 데 이때 일을 하는 엄마는 어울리기 어렵다는 이야기였다. 등원, 등교 후 다 같이 모여서 커피 한잔하면서 이런저런 공통 관심사를 나누면서 친해지는데 일터로 나가기 바쁜 워킹맘은 낄 자리가 없다. 괜히 소외되고 따돌려지는 분위기가 우리 아이에게도 전해질까 봐 아직 걷지도 못하는 아이를 보면서 어찌나 마음을 졸였는지 모른다. 이는 전업주부였던 우리 부부의 어머니들이 다른 엄마들과 교류했던 기억도 한 몫 했다. 요즘도 분명히 이 '엄마 커뮤니티'가 활발하고 단단할 것이다. 엄마들만 모여 있는 단체 대화방이 있을 것이며 그곳에서 알짜 정보가 오고 갈 것이다. 아쉽지만 그곳에 아빠는 없을 것이다. 육아를 함께하는 아빠들도 더러 있겠지만 그런 모임 속에는 존재하기가 어렵다. 단단하게 형성되어 있는 그곳에 같은 엄마도 끼기 어려운데 아빠를 끼워 줄 리가 없다. 아이를 키우는 엄마들의 끈끈한 단결력은 아내에게 휴직이나 퇴사를 고민하게 할 정도로 강력하게 다가왔다. 어릴 적 따뜻한 기억으로 남아 있는 엄마와 친구 엄마들의 보살핌이 이번에는 전혀 다른 각도로 부메랑이 되어 돌아온 것이다.

　　선생님인 지인에게서 들은 이야기가 있다. 학생 부모님께 연락하는 일이 있을 때 아빠에게 하면 나오는 반응이 한결같다고 한다. "저한테 왜 그러세요? 애 엄마에게 연락해 주세요." 심지어 맞벌이 부부인 경우에도 대부분 그렇게 말한다고 한다. 마치 당연히 그래야 한다는 듯이, 내 아이가 아니라는 듯이 말이다. 이런 현상을 보면 엄마들만의 커뮤니티가 형성되고 돌아가는 것이 당연해 보인다. 아이를 돌보는 보육, 교육 기관에서 우선적으로 엄마에게 연락을 하기 때문이다. 자연스럽게 비상 연락망에는 엄마 연락처가 등록된다. 흥미롭지만 매우 당연한 다른 이야기도 있다. 한 번은 프리랜서인 남성 지인이 아이 초등학교 입학 후 학부모회에 참석했는데 역시나 아빠는 본인 혼자뿐이었다고 한다. 그 어색하고 낯선 광경은 상상만 해도 식은땀이 난다. 내가 어렸을 적 학교 다닐 때나 지금이나 여전히 아이를 챙기고 관심을 가지는 것은 엄마의 몫으로 고스란히 남아 있다. 시대가 변해 사회에서 함께 일하는 여성들이 많아졌음에도 이는 그대로다. 아빠들의 철저한 무관심 속에서 절대 변하지 말아야 하는 천연기념

물처럼 육아의 고유한 영역은 무너지지 않고 지켜지고 있다.

　　　　이런 소문을 듣고 자란 내가 지금은 아빠가 되어 주 육아 담당자로서 지내고 있다. 회사에 다니던 시절과 상황이 바뀐 지금 내게 반갑지 않은 질문이 하나 있다. "뭐 하는 분이 세요? 요즘 뭐 하고 지내요?" 새로 만난 사람이나, 오랜만에 연락을 주고받는 지인과 나누는 인사다. 예전에야 명함을 건 네며 여기서 일한다고 하면 끝이었다. 사실 지금도 집에서 육 아한다고 하면 끝이지만 괜히 뒤에 말들이 붙는다. 육아휴직 을 내면서는 당당하게 육아하는 아빠라고 세상에 떠벌리고 다닐 수 있을 줄 알았다. 하지만 육아한다는 대답에 돌아오는 이해 불가능한 눈빛과 태도에 혼자 움찔하고 말이 길어진다. 아직 다니고 있는 회사가 있으며 휴직 중이라는 설명을 꼭 가 져다 붙인다. 절대 나는 애만 보는 사람이 아니라고, 다른 일 이 있는데 잠시 이러는 것뿐이라는 식으로. 이젠 묻지 않더라 도 혹시라도 오해할까 봐 순순히 돌아서는 사람도 굳이 불러 세워 이야기한다.

　　　　뭐가 그렇게 어려운 걸까? 당당하게 육아한다고 이 야기하기 어려워지는 나의 속마음은 뭘까? 우선 무언가 떳 떳하지 않다. 오로지 육아만 하는 내 모습에 당당하지 못하 다. 콕 집어 설명하기 어렵지만 더 가치 있다고 생각되는 무언 가를 해야 한다는 압박을 느낀다. 애만 보는 내 인생을 이대 로 흘러가게 하는 것이 사회적으로 통용되지 않는 느낌이다. 이 솔직하지 못한 감정은 부끄러움으로 연결된다. 또 이 부끄러움은 외로움으로 이어진다. 가끔 주위를 돌아보았을 때 나만 혼자인 느낌, 때론 고독하기까지 하다. 이 외로움과 고독함은 어디서부터 흘러 들어온 것일까? 그저 내가 혼자 눈치 보면서 만들어낸 것일까? 나는 대체 누구의 눈치를 보며 사는 것일까? 이런 질문들은 서로 꼬리에 꼬리를 물며 부정적인 감정을 더욱 깊게 만든다. 도대체 왜 아빠가 하는 육아에 당당하지 못하고 감추게 되는지 스스로 안타깝다. 내게서 답을 찾지 못하자 결론은 엉뚱한 방향으로 흘러간다. 나를 둘러싼 사회 분위기가 이런 부끄러움, 외로움, 고독함을 길러냈다고 핑계 대고 싶어진다.

육아는 엄마만의 당연한 몫이며 끼어들 수 없는 엄마들의 커뮤니티가 존재하는 분위기. 아빠는 늘 보조 역할이며 주인공이 될 수 없는 한계가 존재하는 분위기. 이 속에서 육아하는 아빠들은 외롭다. 전담으로 육아를 하지 않고 적극적으로 참여만 해봐도 충분히 느낄 수 있다. '여긴 내 자리가 아니구나.'라고. 이러니 오롯이 육아를 맡은 아빠일 경우에는 더욱 설 자리가 없다. 이 외로움의 이유가 단순히 엄마들과 못 어울려서 그런 걸까? 그것 때문은 아니라고 생각한다. 성별로 나누어서 편 가르기를 하자는 게 아니다. 우린 어려서부터 학창 시절, 사회생활을 하는 동안에도 동성끼리 좀 더 편하게 친해지며 살아왔다. 같은 성별끼리 더 어울리기 좋은 것은 부정하기 어려운 사실이다. 아무리 육아라는 공통점이 있지만 아빠가 엄마들 사이에 껴서 어울리는 것은 한계가 있다. 이 한계 때문에 외로움은 해결되지 못하고 여전히 남아있게 된다. 이 외로움은 결국 같은 처지의 사람들 사이에서 위로 받을 수 있다고 믿는다. 아빠로서 육아하는 나를 품어주고 이해할 수 있는 사람들은 같은 아빠들이다. 하지만 기대고 이야기를 나눌 아빠들을 찾기도 만나기도 어렵다. 결국 동성 집단, 아빠들의 육아에 무관심한 분위기가 이 외로움을 만들어 냈다고 생각한다. 육아하지 않는 아빠들이 외로운 육아하는 아빠들을 만들어낸 것이다.

아빠들을 편의상 두 그룹으로 나눠 보겠다. 육아하는 아빠, '육아빠'와 육아 안 하는 아빠, '육안빠'. 육안빠는 육아빠가 불편하다. 내가 육안빠였던 시절에는 주변의 전설로만 들려오는 육아빠들의 이야기를 들을 때 그랬다. 괜히 없는 이야기 만들어내는 거라고. 이런 건 다 엄마들이 지어낸 거라고. 아니면 어쩌다 있는 특이한 사람일 거라고. 이런 사람은 사회생활 잘하기 어려울 거라고. 여기서 사회생활을 잘하려면 육아와 멀어져야 한다는 육안빠의 생각이 육아빠를 외롭게 만드는 원인이다. 육안빠는 아이는 부부가 함께 키워야 하고 아이에게 아빠 관심이 필요하다는 육아빠의 이야기가 듣기 싫다. 맞벌이 부부는 집안일과 육아를 나누어서 함께 해야 한다는 둥, 아빠 육아휴직 계획이 어떻게 된다는 둥 하는 그 모든 왈가왈부를 외면하고 싶어 한다. 대부분의 육안빠는 불편한 이야기를 하는 극소수의 육아빠와 어울리지 않고 오히려 따돌리기까지 한다. 그러니 소수에 불과한 육아빠는 사회에서 의지할 곳이 없다.

　　처음에 등장했던 끈끈한 엄마들 커뮤니티로 돌아가 보자. 그곳에서는 서로의 힘든 이야기를 나눌 수 있다. 이해하고 공감하며 위로할 수 있다. 그럴수록 더욱 가까워지고 단단해지며 서로 힘이 되어준다. 육아하는 아빠들, 나를 포함한 육아빠들은 외로울 때 어디로 가면 될까? 누구에게 말 못 할 고민을 털어놓을 수 있을까? 먹고살기 어렵다고 세상 탓, 남 탓하며 허송세월 보내는 술자리 말고 말이다. 내가 지금 경험하는 아빠로서 육아를 하다 생기는 외로움은 어디에서 달랠 수 있을까? 없다. 아무리 둘러봐도 없다. 모두 꼭꼭 숨어 있는지 육아빠들이 어디에 있는지도 모른다. 맘 카페는 알아도 대드 카페는 못 들어봤다. 어디에 껴야 할지 모르겠다. 엄마들 사이에는 끼기가 어렵고 아빠들은 관심이 없고 오히려 경계한다. 편하게 육아를 함께하자고 밀어면 반응이 좋지 않다 기껏해야 돌아오는 것은 육안빠의 찌푸린 시선뿐이다. 이런 환경이 바뀌지 않으면 그나마 조금씩 생겨나고 있는 육아빠들이 자리를 잡기 어렵다. 마음을 먹고 행동을 하더라도 밖으로는 들킬까 봐 숨기 바쁘다. 괜히 드러내 봤자 힘을 얻기는커녕 힘들게 한 결정과 의지가 흔들릴까 봐 도망치게 된다. 그래서 더욱 육아빠는 고립되고 외로워진다.

　　육아하는 아빠가 외롭지 않아야 한다. 육아하는 아빠들이 아빠들의 무리에서 따로 톡 튀어나오지 않고 그 안에서 잘 어울리면 좋겠다. 아빠가 어디서든 당당하게 "저 육아

해요."라고 말할 수 있는 사회가 되면 좋겠다. 이에 돌아오는 대답이 이해할 수 없다는 표정이 아니었으면 좋겠다.

고쳐 써야 하는 아빠

좋은 아빠가 되는 유일한 방법

육아휴직이 시작된 날을 기억한다. 드디어 아빠라는 당당한 이름을 공식적으로 부여 받은 기분이었다. 이 세상 어디에도 없는 최고의 아빠가 될 거라고 믿어 의심치 않았다. 다른 일 신경 쓰지 않고 오로지 아이만 키우는 것은 누구보다 잘할 자신이 있었다. 아니 못할 이유가 없다고 생각했다. 내 사랑하는 아이를 옆에서 돌보고 키우는 것만큼 손쉬운 일이 또 있겠냐고 여겼다. 그렇게 이제 나는 좋은 아빠, 훌륭한 아버지가 될 일만 남았다고 굳게 믿으며 본격적인 육아의 세상으로 들어갔다.

하루아침에 역할이 변했지만 나라는 사람은 그대로였다. 어쩌면 당연했다. 부족함 가득한 사람이 갑자기 자리만 바뀌었다고 모든 게 변할 리 없었다. 꼭 이루리라 외쳤던 큰 이상과는 멀리 거리를 두며 뒤틀리고 멀어지길 반복했다. 믿을 수 없었다. 내가 아이에게 짜증내고 화를 내며 분을 삭이지 못하는 모습이 믿어지지 않았다. 아이를 키우는 입장이라고 해서 나라는 사람이 갑자기 다른 사람이 되지 않았다. 기본적인 생각, 행동, 말투는 크게 바뀌기 어려웠다. 물론 아이 앞에서 필요하다고 생각되면 스스로를 자제시키고 변화시키는 노력을 꽤 해봤다. 하지만 모든 시도는 그저 나의 좁은 테두리 안에서 고쳐 앉는 정도였다. 이렇게 눈 가리고 아웅하는 식으로는 아이와 진정으로 마주하기엔 역부족이었다. 계속되는 이상과 현실의 괴리를 만들어내는 나를 보면서 궁금함이 쌓여갔다. 도대체 나는 무엇을 바라고 있는 것인가? 무엇이 잘못되었길래 점점 그것과 멀어지고 있는가?

　　　나는 아이가 이렇게 자라기를 바랐다. 한계가 없는 자유를 가진 아이, 아이다운 순수함을 잃지 않는 아이. 그런 아이를 위해 이런 아빠가 되고 싶었다. 먼저 모범을 보여 아이가 닮아갈 수 있는 아빠, 아이를 믿어주고 아이도 나를 믿는 아이와의 신뢰가 켜켜이 쌓인 아빠. 누구나 원할 법한 이상적인 모습을 멋지고 크게 그리고 시작했다. 아이와 함께할수록 이런 내 꿈이 욕심이었나 싶을 정도로 쉬운 게 없었다. 하나도 빠짐없이 모든 부분에서 엉망진창이었다. 아이를 기르면 당연히 이렇게 흘러가는 것인지 궁금해 하면서 속상했다. 어설픈 아빠가 육아를 해서 망치게 되는 건지 아니면 엄마들도 원래 다 그런 건지 헷갈렸다. 그저 오롯이 부족한 나로 인해 생기는 일들인지 자책을 많이 했다. 혼자서 고민하고 반성하고 깨닫는 데 오랜 시간이 필요했다. 더 이상 몰라서 저지르는 잘못은 없다. 이제는 알면서 지키지 못하는 것들이 많아졌고 그만큼 후회도 커졌다. 오늘의 고백은 아빠로서 지내온 시간에서 건져 올린 깨달음의 결정체다. 그러면서 다시 스스로 다짐하는 목표이자 이정표다. 어느 아빠, 어느 부모든지 아이를 맡은 어른이라면 내가 했던 실수를 하지 않았으면 좋겠다. 최소한 몰라서 일어나는 비극은 사라져야 하겠다.

❈ 고쳐 쓰기 하나.
자유로운 아이를 원한다면 가두지 말자

나의 기억에 같은 식의 행위나 말투를 일정 기준 이상 여러 번 반복해 왔다고 판단되면 꼭 이 말이 붙는다. '항상', '늘', '맨날' 그러면 바로 아들은 말한다. 항상은 아니라고, 맨날은 아니라고. 그 당시에 벌어진 일에 대해서만 이야기를 나누어야 하는데 과거의 것까지 몽땅 끌어와 이야기하니 기분이 좋을 리가 없다. 나름대로 핑계를 대보자면 그 상황 전까지는 나름의 기준으로 열 번이면 열 번을 웃으며 넘겨오다가 어느 경계를 넘자 수용하지 못하고 넘쳐 버린 것이다. 아이는 내가 그동안 참은 건지 뭔지 알 길이 없는데 갑자기 한 방 먹으니 기분이 좋을 리가 없다. 그 상황에는 그때의 이야기만 하는 것을 거듭 연습해야 한다. 아니라면 아이는 내가 뱉는 항상, 늘, 맨날을 곧이곧대로 믿고 정말 자신이 그렇다고 생각하게 될지도 모른다.

또한 혼자 결정을 내려 답을 정해 놓고 아이에게 물어보는 경우도 있다. 그럴듯하게 열려 있는 질문인 척하면서 물어본다. 묻는 나도 대답하는 아이도 정해진 답이 있다는 것을 눈치챘다. 자유로운 생각을 말할 수 없는 대화다. 표면적으로는 의견을 물었지만 사실상 강요나 다름없다. 말투는 부드럽고 관대하지만 차갑고 날카로운 속내를 거리낌 없이 드러낸다.

> "A랑 B가 있는데 어떻게 할래? 아빠는 A가 좋긴 한데
> 뭐든 괜찮아." (B로 하면 하나도 안 괜찮아짐 예고)
> "C랑 D 중에서 어떤 걸로 하고 싶어? C는 사실
> 이러이러해서 좀 그래, 그렇지?" (그냥 C가 싫다고 말해)

이런 질문에 아이는 절대 하고 싶은 말을 할 수 없다. 다른 사람도 아니고 부모의 생각과 의견을 고스란히 받아들이고 영향을 받는 게 아이다. 정말로 아이가 한계 없이 자라나길 바란다면 무언가를 정해 놓으면 안 된다. 이것들이 쌓이면 결국 아이를 부모의 틀에 가두게 된다. 나중엔 아이의 날개를 꺾은 채 새장에 가둬 두고 왜 멀리 날지 못하냐고 윽박지르게 될 것이다.

☼ 고쳐 쓰기 둘.
아이는 아이답게 커가는 중이다

　아들과의 약속에 과하게 엄격하다. 내가 아들에게 한 약속이 아닌 아들이 내게 한 약속에 대해서다. 밥을 잘 먹겠다든지, 글자 놀이에 집중하겠다든지, 방 정리를 잘하겠다든지 늘 반복되는 것들이다. 당연히 그러겠다고 한 약속이라도 모두 지키며 살기는 어렵다. 나도 그렇게 못하는데 커가는 아이는 오죽할까. 어긋나는 상황이 반복되면서 쌓여오다가 어느 순간 엄격한 잣대를 들이댄다.

　"너 이러이러하겠다고 약속했잖아. 약속을 어기는 거야?" 이렇게 다그치고 나면 뒤늦게 미안해진다. 어른인 자기도 못하는 것을 아이에게 알려준답시고 강요한 것 같아서. 그런 날은 정말 후회가 막심하다. 나는 이이에게 한 약속을 얼마나 잘 지켰다고 그러는지. 그리고 설령 내가 지켰더라도 아이에게 똑같이 바라는 것도 우스운 일이다. 나는 어릴 때 어땠는가? 약속의 중요성을 깨닫는 때는 몸이 크고 나서도 훨씬 뒤의 일이다. 무턱대고 지키기로 한 것은 무조건 지켜야 하고 어기면 큰 잘못을 저지른 거라고 하지 말아야 한다. 아이가 스스로 느끼고 신경을 쓸 때까지 크고 작은 약속을 계속하고 어겨가는 과정을 함께해야 한다. 얼마든지 어길 수 있다고 마음을 바꾸고 나니 기다려주는 시간이 생각보다 짧게 느껴졌다. 어느새 하나씩 지켜가는 모습에 놀라게 되었다. 아이에겐 배우고 알아가는 얼마간의 시간이 필요했을 뿐이다. 약속을 잊어버리거나 일부러 어기는 게 아니었다.

아이를 답답해하며 하는 생각이 있다. 왜 이런 당연한 것을 모르지? 같은 어른끼리도 내 생각과 다른 사람들이 수두룩한데 아이에게는 무슨 근거로 이렇게 판단할까? 굳이 설명하지 않아도 알고 있고 이해하고 있어야 한다고 여기는 부분이 참 많다. 아이의 궁금증을 제대로 살펴보지도 않고 끓어오르는 감정에 쉽게 농락당한다. 이는 아이가 조금씩 자라면서 점점 더 심해진다. 크면서 생각도 빨라지고 대화도 통하다 보니 더 이상 아이라고 생각지 못할 때가 많아서 그렇다. 눈높이를 내려 아이에게 맞추는 게 아니라 같은 어른의 기준으로 생각해서 아이를 억지로 높여다 붙이는 셈이다. 어른으로서 아이를 이해하고 바라보려면 마음과 생각의 높이를 아이에게 맞춰야 한다. 그러려면 우리의 차이를 인정해야 한다. 쉽지 않겠지만. 차이를 인정한 뒤에도 서로 눈높이를 맞추는 데 욕심이 난다. 아이가 조금만 더 발꿈치를 들면 좋겠다는 생각에 내 무릎을 굽히기 어렵다. 그럴 때면 어쩔 수 없다. 아이의 나이와 내 나이의 차이를 따져본다. 그 차이만큼을 내 수고와 정성으로 돌려서 몸을 깊숙이 낮춘다.

☼ 고쳐 쓰기 셋.
너나 잘하세요

나도 잘 못하는 것을 아이에게 기대하는 경우가 많다. 나는 변화와 도전, 새로운 상황을 아주 싫어한다. 피할 수 있다면 최대한 피한다. 아들도 내 성향을 많이 닮았는지 그런 예상치 못한 상황에 부닥치면 어쩔 줄을 몰라 하고 눈물이 먼저 난다. 한번은 주말에 수영 레슨 보강이 있어서 수영장을 찾았다. 상급반으로 올라간 아들의 보강 수업은 야외 수영장이었다. 항상 따뜻한 실내에서만 했었는데 야외는 처음이었다. 이 이야기를 들은 아들은 부들부들 떨며 눈물을 글썽이기 시작했다. 아들의 심정을 잘 알지만 그래도 시도는 해보자는 게 내 생각이었다. 아들도 용기를 내어 해보겠다고 물에 들어갔지만 이미 몸과 마음은 낯섦에 공격당하고 있었디. 결국 선생님께서 5분 만에 오늘은 돌아가는 게 좋겠다고 말했다. 아들을 따뜻한 샤워실로 데려가면서도 아쉬움이 남았다. 조금만 더 했다면 할 수 있지 않았을까? 다른 친구들은 잘만 하던데. 나조차 어려워하는 새로운 도전을 아이는 잘 해내길 바라는 못난 기대를 떨쳐버리지 못했다. 그런 기대를 아이가 아닌 나에게 돌려야 하는 것을 잘 안다. 하지만 나보다는 남에게 기대기 쉽기 때문에 유혹을 이기기 어렵다. 가까운 사람의 변하지 않는 모습을 보며 아이는 변할 리 없다.

처음으로 아이에게 욱하며 소리를 지른 날을 기록

해 두었다. 그게 마지막이길 빌며 다시는 안 그러겠다고 다짐했다. 예상했겠지만 이는 금세 무색해졌다. 이제는 그동안 몇 번이나 아이에게 화를 냈는지 셀 수도 없다. 심지어 하루에도 여러 번 그럴 때가 있다. 이렇게 머릿속에 지우개가 든 내가 아이에게는 이런 실수를 허용하지 않으려 한다. 아이가 볼멘소리를 하거나 소리를 높이려고 들면 한 치의 틈도 없이 바로 꾸중이다. "아무리 화가 나고 마음에 안 들어도 차분하게 이야기해주면 좋겠어." 스스로에게 하는 말처럼 느껴져 얼굴이 화끈거린다. 내 그런 모습을 아이가 닮는다는 생각을 어떻게 매번 그 순간에는 까맣게 잊어버리는지. 가끔은 아이가 화를 낼 때 같이 맞받아치는 경우도 있다. 아이는 나라는 거울을 매일 보며 산다. 내가 못하는 것은 아이에게도 요구하지 말아야 한다. 원하면 내가 먼저 그렇게 되어야 한다. 내가 잘하면 아이는 저절로 따라온다.

☀ 고쳐 쓰기 넷.
서로 간의 믿음 쌓기

어느 토요일 아침, 잠이 깬 아들이 신나서 말했다.
"이제 학교 안 가니까 아빠랑 놀 수 있는 거야?"
"그럼! 아빠랑 노는 게 재밌어?"
"응! 아빠는 바쁘더라도 나랑 먼저 잘 놀아줘."

내심 불안했다. 내가 행복해야 아들을 잘 볼 수 있을 거라는 믿음에 내 것도 꼭 챙겨가면서 아들을 돌보려고 했다. 물론 티가 안 나도록 기를 쓰고 새벽에 일어나고, 아들이 학교에 간 시간을 활용하려고 했지만 그래도 그게 티가 났을 것이다. 그래서 불안했다. 아들이 아빠는 아빠 할 일이 더 먼저라는 생각을 하게 될까 봐서. 스스로 하는 다짐처럼 아이에게 단단히 일러주었다.

"아들! 아빠한테 아들이 무조건 1순위야!" 물론 말보다는 행동으로 보여주기 위해 애를 쓴다. 서로에게 중요한 사람으로 남기 위해. 이런 믿음이 우리 사이에 단단하게 머무를 수 있도록.

부모는 아이를 믿는다. 무작정 의심부터 하는 부모는 없다. 문제는 그 믿음의 횟수 제한이 있다는 것이다. 사람마다 도량의 크기가 나르기에 그 횟수는 제각각일 테다. 각자의 기준이 한계가 되어 아이를 믿어주다가 그것을 넘어가는 순간, 폭발한다. 아이는 부모가 몇 번의 한계를 가졌는지 모른다. 한없이 사랑의 눈빛으로 바라봐주고 거듭되는 실수와 잘못에도 무한한 기회를 줄 것으로 믿는다. 갑작스러운 태도의 변화에 당황하기도 무서워하기도 한다. 돌변하기 전의 따뜻함이 강하면 강할수록 더욱 그렇다. 아이를 품고 참아내는 시간의 크기는 어른의 기준일 뿐이다. 어떤 상황에서도 아이가 믿을 수 있는 사람은 부모다. 어떤 기준을 충족하지 못했다고 내팽개쳐진다는 생각은 꿈에도 하지 못하는 게 아이다.

믿어주고 영원히 기다려주자. 어렵고 불가능하게 보이지만 노력하자. 아이는 믿어주는 만큼 자란다. 우리의 좁은 마음 때문에 딱 그만큼만 자라는 아이라면 많이 슬프지 않을까?

✲ 고쳐 쓰기 다섯.
참을 수 없는 착각의 유혹

아이를 키우다 보면 쉽게 하는 착각이 있다. '내 아이는 남이 아니야.' 함께하는 시간이 늘어나고 애정이 쌓일수록 이 착각은 점점 커진다. 아이에게 들인 정성이 깊어지고 대화를 많이 하다 보면 더욱 그렇다. 생각하고 믿는 것을 그대로 진실이라 받아들이는 인간의 특성답게 나중에는 돌이킬 수 없을 정도로 당연하게 여기게 된다. 왜 아이를 '내 것'이라고 여길까? 꼭 소유물로서 이야기하는 것이 아니다. 부모에게 묻는다면 "내 아이는 내 거야."라고 답하지 않을 테다. 하지만 반대로 물어보면 쉽게 답하기 어렵다. "그럼 내 아이는 완벽한 남인가?" 남이라고 하기에는 가족이고, 그중에서도 내 피가 섞인 사람이 아닌가. 피 한 방울 안 섞인 생판 남과 내 아이를 같은 쪽에 두기가 망설여진다. 태어나서 키우고 기른 정성과 노력에 의해 쌓인 정을 빼놓기 어색하다. 그래서 늘 내쪽으로 단단하고 가까이 꼭 붙여 두게 되는 것이다. 남은 절대 아니고, 그렇다고 나라고 할 수는 없지만 자신의 영역 안에 두고 싶은 마음이다. 그러다 보면 쉽게 오해를 하게 된다. 내 아이는 내 마음대로 할 수 있는 존재라고. 실제로 그렇게 마음먹고 아이를 다루다 보면 점점 빠져나올 수 없는 늪으로 들어가는 셈이다. 마음대로 되는 것 하나 없는 세상에서 내 마음대로 할 수 있는 사람이 있다는 치명적인 착각에 빠지게 된다. 아이가 스스로 아무것도 할 수 없는 아주 어린 시기에는 문제가 없다. 하지만 아이가 커가며 자아가 생기면 마음대로 되지 않는 경우가 생긴다. 그러면 부모는 당황하고 심지어 분노하기도 한다. 아이를 내 것이라고 여기고 내 마음대로 해왔는데 이제 잘 안되니까 말이다. 그 위험한 착각은 이미 부모 안에 변하지 않는 진실로 각인되어 있다.

　　이 착각이 깊어지면 대참사를 만든다. 쉴 새 없이 터져 나오는 부모의 '욱'이다. 부모가 원래 화가 많아서 화를 내게 되는 것이 아니다. 잘못된 오해와 착각 속에 아이를 바라보고 있기 때문에 이것과 다르면 감정이 틀어지는 것이다. 한 치의 의심도 없이 아이가 자신의 영향력 안에 있는 것이 당연하다고 믿는다. 자신의 믿음과 다른 것을 접하면서 생기는 분노는 통제가 어렵다. 믿음이 바뀌지 않는다면 그런 상황은 계속 늘어날 수밖에 없다. 아이는 그런 존재가 아니기 때문에 잘못된 맹신과 계속 부딪힌다. 난 지금까지 이 모든 과정을 그대로 겪었다. 아이를 내 것처럼 다루었고 아이가 자라면서 화를 내고 다그치는 순간이 점점 늘어났다. 그러면서도 잘못하고 있다는 자각 없이 아이의 어긋남을 탓했다.

아이는 우리와 다른 사람이다. 다른 사람에게 자신의 생각을 강요하고 다르다고 화낼 수는 없다. 그리고 원하는 대로 변화시킬 수도 없다. 내 것이라는 생각만 버려도 확실히 판도가 달라진다. 그리고 다시 아이를 바라본다. 눈에 넣어도 아프지 않을 녀석. 분명히 나와 다른 또 하나의 귀중한 존재이며 한없이 밝고 맑은 아이다. 아이가 있는 그대로 존중받고 한계 없이 살아가려면 결국 부모가 잘해야 한다. 그렇게 자라난 아이들이 어른이 되어 이 세상을 살아가야 하지 않을까? 우리가 더 나은 미래를 바란다면 말이다. 아이 하나를 키우는 게 전부가 아니다. 다음 세상의 귀중한 일부를 잠시 맡아두고 있는 것이다. 우리 부모들은 각자의 막중한 책임이 있다. 다행히 웃음과 행복이 늘 함께하므로 충분히 해볼 만하다.

나는 수많은 실수와 잘못을 한다. 부끄럽지만 어제도 그렇고 오늘도 그럴 것이다. 부족한 내 모습을 변명하거나 설명할 수 있는 이유가 수만 가지일 테지만 하나로 좁혀봤다. 난 내 아이를 독립된 인격체로 보지 않았다. 내가 만들어 낸 오해와 문제는 이 잘못된 판단에서 시작했다. 아이를 나와 다른 하나의 인간으로 보고 그 차이와 다름을 인정하는 것이 필요했다. 모든 사람과의 관계와 다르지 않았다. 내 영역 안에 들어와 있고, 내 의도대로 손쉽게 다룰 수 있다고 속단했다. 그러나 아이는 아이의 세상에 있는 개별적 존재였다. 사실 내가 바라는 아이의 모습도 다르지 않았다. 아이가 스스로의 믿음과 생각을 단단하게 키우고 또렷한 자아를 가지며 자라길 원했다. 그러기 위해서는 나부터 아이를 나와는 분명히 다른 사람으로 바라봐야 했다. 아이 덕분에 모른 척하고 포기했던 모자란 부분이 마구 드러난다. 아이가 아니었다면 별 불편함 없이 평생 가지고 살아갈 것들이다. 내가 바뀌지 않으면 아이에게 고스란히 전달될 것이 분명하다. 나에게서 이것들을 끊어내지 못하면 원치 않는 대물림을 하게 될 것이다. 사람은 고쳐 쓸 수 없다지만 아빠는 고쳐 써야만 한다.

이제는 잘 모르는 것을 마구잡이로 좇지 않는다. 요즘은 아들에게 자주 물어본다. "아빠가 어떻게 해주면 좋겠어?" 그때그때 아들이 바라는 것이 있다. 그것을 해주면 된다. 어렵다고 느끼는 것이 가장 쉬울 수도 있다. 오늘도 마음을 다잡아 본다. 아들은 아이고, 나는 어른이다. 같이 맞먹으려 늘지 말자. 한번씩만 너 품어주고 참아주고 웃어주자. 계속 쌓아 나가면 언젠가는 익숙해지지 않을까? 그렇게 조금씩 좋은 아빠가 되어간다고 믿는다.

부부관계는 좋아질 수 있는가?

함께하는 육아로 변해가는 부부의 세계2

　　부부관계가 좋다. 이 말을 곰곰이 생각해 본다. 좋다는 말이 있다는 것은 반대의 그렇지 않은 경우도 있다는 뜻이다. 부부는 사랑하는 남녀가 앞으로의 미래를 약속하며 정식으로 하나가 되는 관계다. 그 결정까지 수많은 고민과 선택이 있었을 테다. 그런데 그 인생의 중대한 결정이 '좋지 않다.'라니. 안 그래도 쉽지 않을 미지의 앞길을 어색하게 떨어져서 걷는 두 사람의 모습이 떠올라 마음이 쓰리다. 신기하게도 연애 중인 남녀에게는 따로 그런 말을 붙이지 않는다. 기껏해야 잘 어울린다 정도지 애인 관계가 좋다라고 말하지는 않는다. 그 시절에는 관계라는 것을 위한 추가의 노력이 필요 없다. 막 시작된 뜨거운 사랑만으로도 둘을 단단히 붙들어 놓기 때문이다. 그저 상대방에 대한 타오르는 본능에 충실하게 몸과 마음을 맡기면 그만이다. 누구에게나 있는 처음의 사랑 연료가 모두 타 없어질 때까지는 아무 문제가 없다.

　　연료가 다 타고나면 이제 본격적인 관계가 시작된다. 매력으로만 보였던 다름이 현실로 다가온다. 이를 낯설어하며 견디지 못하면 그 좋던 애인 관계도 거기까지다. 결혼식을 올리고 모두에게 부부가 되었다고 알린다고 단단한 관계가 저절로 생기지는 않는다. 우리가 이혼의 이유로 가장 많이 접하는 것이 무엇인가? 바로 성격 차이다. 두 사람의 성격은 당연히 차이가 있고 분명히 다르다. 서로 다른 사람이 만나서 부부가 된다. 관계를 맺는 것은 원래부터 크나큰 차이를 인정하고 시작하는 것이다. 다름을 확인할 때마다 벌어졌던 수많은 신혼 시절의 전투가 기억나는가? 뭐가 이리도 다른지. 부딪힐 때마다 깜짝 놀란다. 오죽하면 화장실 휴지 거는 방향으로도 싸우고 헤어지겠는가? 오랜 시간 서로 다른 길을 걸어오다가 만났기에 이런 관계를 부부라는 이름으로 포장하고 받아들이기엔 턱부족이다. '사랑하니까, 부부니까 나를 더 이해해줘야 하지 않을까?' 상대방을 향한 이런 기대 속에 관계는 쉽게 흔들린다. 그렇게 무조건 좋을 것만 같은 '부부관계'는 좋지 않게 변한다.

　　이 수많은 차이에 빠져서 허우적대는 부부관계를 어떻게 구원할 수 있을까? 간단하다. 둘 사이에 공통점을 많이 만들면 된다. 만나기 전까지의 서로 다른 인생 경험은 어쩔 수 없다. 하지만 그 이후의 경험은 얼마든지 만들 수 있다. 공감할 수 있는 부분이 점점 많아지면 관계는 좋아진다. 단순한 원리다. 변하지 않을 다른 점은 그대로 두고 함께 할 수 있는 부분을 더 많이 만들어 가는 것이다. 완벽하게 다름을 존중하고 이해한다고 해도 서로 나눌 수 있는 공통점이 없이 서로 살던 대로 각각 다르게 살아가면 관계는 좋아질 수 없다.

우리 부부도 서로 완벽히 다른 사람이다. 연애 시절에는 콩깍지가 씌어서 매일 만나도 마냥 좋았다. 결혼을 하고 부부가 되자 콩깍지는 온데간데없이 사라졌다. 하나부터 열까지 모두 완전히 다른 사람과 함께 살게 되었다. 서로가 다른 사람임이 밝혀질 때마다 전투를 치렀다. 한 전투가 끝나면 다른 전투가 벌어졌다. 튀어나온 차이점이 쌓이고 쌓여서 우리 사이를 그만큼 벌려 두었다. 차이를 인정하고 이해하며 지냈지만 뭔가 부족했다. 좀 더 가까워지고 함께하고 싶었지만 그 대상이 없었다. 갑자기 새로운 공통 취미나 취향을 만드는 것은 요원했다.

그러다 아이가 태어났다. 우리 사이의 새로운 존재가 어색했다. 이 미지의 영역은 우리가 함께 할 수 있는 삶의 공통점이 되었다. 오로지 우리 둘만 공유하고 알 수 있는 공통분모였다. 이렇게 육아는 우리 부부에게 커다랗게 겹치는 영역이 되었다. 부부관계에서 남김없이 이해하고 공유할 수 있는 공감 영역이 생겼다. 우리의 관계는 그때부터 급속하게 변했다.

물론 처음에는 쉽지 않았다. 뱃속에서부터 10개월을 먼저 시작한 아내와 나는 출발점이 달랐다. 그 차이 때문인지 애를 써도 부족함이 계속 드러났다. 아이를 대하는 마음의 크기나 정도를 맞춰 가기 어려웠다는 핑계를 대본다. 어설펐던 그때부터 지금까지 굴곡진 변화를 겪었다. 쭈뼛쭈뼛 남의 아이 보듯 곁에서 서성이던 시간이 지나고 지금처럼 당당히 주 양육자로 아이와 함께하고 있다. 이로써 우리 부부관계는 완벽히 변했다. 애 때문에 못 헤어지고 사는 것이 아니라 애 덕분에 더 사랑하며 사는 것이 되었다. 그렇게 다르고 달랐던 다른 사람, 남편에서 육아라는 공통점을 가진 사람, 아빠가 되면서 우리 사이가 변했다. 육아를 함께하면서 우리 부부관계는 어떻게 달라졌을까?

　　예전에는 아이에 대한 이야기를 우리 사이에 전하는 사람은 오직 아내뿐이었다. 아내는 아이와 함께하며 있었던 일, 고민스러운 부분들을 꺼내 놓았다. 이런 일방적인 관계에서는 전하는 사람과 듣는 사람의 집중이 다르기 때문에 서로 힘들다. 아무리 주의 깊게 듣는다고 해도 말하는 사람은 아쉽고, 듣는 사람은 내 일 같지 않기 때문이다. 아이와 더 많은 시간을 함께하면서 이런 관계가 바뀌었다. 아내가 매일매일 아이와 있던 일을 열심히 알려주고 나누려 했던 기억들이 다시 새록새록 떠오른다. 비슷비슷한 일처럼 들려 귀찮아했던 그때가 민망하다. 이젠 내가 전하는 아이의 이야기를 아내가 건성으로 들으면 세상이 끝날 듯이 속상하다. 괜히 아이와 함께한 내 시간과 정성이 인정 못 받는 기분이 들어서다. 그러면서 내 과거의 잘못에 대한 인정과 반성으로 이어진다. 이렇게 우리 관계에서 육아는 우선순위가 높은 공통 관심사가 되었다. 이제 함께 나누고 고민할 수 있는 이야기가 되어 누가 먼저 꺼내도 어색하지 않다.

　　아내가 아이를 주로 키우던 과거에는 걱정이 많았다. 어쩌다 아이를 내게 맡기고 나가게 되면 안절부절못했다. 하나하나 챙겨주고 그래도 못미더웠는지 메모도 줄줄이 남겼다. 밖에 나가서도 계속 확인 연락을 하며 불신을 표현했다. 그럴 만했다. 자신 있게 마음 편히 놀다 오라고 말해놓고 문제가 발생하면 다급하게 아내를 찾았기 때문이다. 이제는 그럴 일이 없어졌다. 아이가 큰 것도 있지만 무엇보다도 아내가 나를 믿게 되었다. 못미더워서 나오는 걱정과 잔소리가 사라졌다. 아내가 내게 아이를 믿고 맡길 수 있다는 사실은 큰 의미를 가진다. 스스로 아빠로서, 동시에 남편으로서의 성장을 느낀다. 또한 그 믿고 맡기는 마음만큼 우리 사이의 믿음도 커진다. 신기하게도 부부관계의 믿음의 변화는 아이도 안다. 엄마가 보이지 않으면 불안해했던 아이가 아빠와 함께 있는 것을 당연하고 편안해한다. 한쪽에 치우치지 않은 믿음은 관계의 균형을 만든다.

　　나는 아내가 육아의 부담을 더 많이 지는 것이 늘 미안했다. 아내도 표현은 안 했지만 내심 힘들었을 것이다. 하얀 백지장 같은 아이를 키워내는 것은 말로 할 수 없는 어려움이다. 아무것도 모르는데 아이는 자라나고 있다. 이를 혼자서 감당하는 것은 어느 누구에게도 쉽지 않은 일이다. 이때 곁에 있는, 그것도 함께 아이를 만든 사람이 돌아서 있다면 배신감까지 느낄 수 있다. 내게 가진 아내의 서운함은 그런 것이었다. 함께 세상에 태어나게 한 아이를 한쪽에 미루어 둔 상황은 충분히 그럴 수 있었다. 늦었지만 이제라도 육아에 힘을 보태고 무게를 실어주면서 상황은 조금 달라졌다. 미안한 감정으로 피하기 급급했던 아내의 눈을 이젠 마주할 수 있게 되었다. 우리 사이의 육아라는 단단한 벽을 통과해 날카롭고 차갑기만 했던 아내의 눈빛은 이제 따뜻하게 변했다. 주고받는 눈빛에는 서로에 대한 이해와 공감이 서려 있다. 이렇게 우린 동등한 관계를 쌓아 올렸다.

　　　혹시 이 변화들의 공통점을 느꼈는가? 이 모든 변화는 내가 직접 육아에 함께했기 때문에 생겨났다. 나는 직접 경험해 보아야 공감하고 이해할 수 있는 사람이다. 출산의 힘듦과 아픔은 아무리 이해하려해도 내가 경험할 수 없다는 한계가 있었다. 하지만 육아는 달랐다. 직접 해보고 나니 진정한 함께하는 마음을 가질 수 있었다. 생각만으로는 아무리 바꿔도 한계가 있다. 하지만 직접 상대방의 역할을 경험한 뒤에는 완벽히 이해할 수 있다. 이런 역할의 교환은 관계에 있어서 깰 수 없는 최고의 공감대를 만든다. 이렇게 형성된 관계는 끊으려야 끊을 수 없다. 진짜 몸으로 겪어낸 살아 있는 전우애에 가깝다. 아내와 지난 군대 시절 이야기는 같이 못 나누지만 치열한 육아 시절의 이야기는 나눌 수 있다. 이런 우리의 관계를 무엇이 갈라놓을 수 있을까? 만약 한쪽이 내 일 아닌 것처럼 빠져 있었다면 그런 이야기를 나눌 기회가 있을까? 안타깝게도 둘 사이의 공감이 빗나간 부분이 육아라면 나중에 이미 커버린 아이를 볼 때마다 부부의 관계는 계속 어긋난다. '아, 내가 좀 더 신경을 썼더라면…' '아, 그가 좀 더 함께 해줬더라면…'

서로를 이해하는 관계란 그런 것이다. 아이와 아내에게 소홀했다면 나중에 그들이 나를 소홀하게 대하는 것은 인지상정이다. 그렇다고 회사도 일도 포기하고 아이 곁에만 붙어 있으라는 이야기가 아니다. 아내도 자식도 먹고사는 게 남편 덕인 것을 잘 안다(물론 맞벌이라면 해당되지 않는다). 그럼에도 불구하고 자신의 마음과 정성이 가족들에게 있음을 보여주라는 것이다. 피곤하고 귀찮고 놀고 싶고 쉬고 싶어도. 함께 살아갈 가족이라면 그렇게 하자는 말이다. 그저 내 몸 하나 챙기기 어렵다면 그들도 스스로 챙기느라 바빠서 당신을 챙기지 못한다고 생각해야 한다. 서로의 노력이 부재한 관계는 점점 멀어지다가 결국 끊어지고 만다.

부부관계가 좋아지길 바라는가? 아이에게 관심을 보이고 행동하며 함께하는 육아라는 활동이 부부관계를 좋게 만든다. 이거야 말로 일석이조가 아닌가? 아이에게 진짜 아빠가 되면서 아내에게 진짜 남편이 되는 것. 부부관계, 가족관계에서 이보다 더 좋은 일이 있을까? 난 그래서 함께 육아를 한다. 우리의 관계를 위해서, 그 관계 속의 나라는 존재를 위해서.

그 많은 육아 책은 누가 읽을까?

혼자 하지 못하는 엄마, 함께하지 못하는 아빠

지금 이 글을 읽고 있는 사람은 누구일까? 아빠일까 엄마일까? 나는 '엄마'에 걸겠다. 확률이 월등하게 높기 때문이다. '육아=엄마'라는 공식은 아직 깨지지 않았다. 세상이 변하고 있다고 하지만 현실이 그렇다. 세상에는 수많은 육아 관련 책과 각종 콘텐츠가 있다. 내용도 너무 훌륭하고 잘 활용하면 얻어갈 것도 많다. 요즘엔 아빠 육아에 대한 경험, 장점, 방법들도 넘쳐난다. 하지만 이것들을 찾아보고 접하는 사람은 엄마다. 이처럼 엄마는 육아에서 생겨나는 수많은 고민을 해결하기 위해 적극적으로 나선다. 아빠는 관심이 없다. 엄마가 열심히 고르고 골라 찾아온 좋은 정보도 아빠 앞에서는 인터넷 연예 기사만 못하다. 아빠는 육아 정보를 본인의 것이라고 생각하지 않는다. 엄마와 같은 입장에서 고민하고 생각하지 않는다. 그러므로 당연히 행동도 하지 않는다.

도대체 왜 이렇게 아빠는 육아에 관심에 없을까? 이

유는 간단하다. 바로 엄마가 있기 때문이다. 아빠가 없어도 엄마가 있기 때문에 육아는 이루어진다. 메인 담당자가 알아서 하니 서브 담당자는 얼마나 편한가. 엄마와 아빠 모두 아빠를 육아의 공동 담당자라고 여기지 않는다. 아빠에게 이런 상황은 정말 안락하다. 중간중간 불평도 듣고, 눈치도 봐야 하지만 그 정도는 충분히 견딜 만하다. 어차피 그런 불편함은 아주 잠깐이다. 엄마는 혼자 육아를 하느라 아빠에게 싫은 티를 낼 체력과 감정의 여유가 없기 때문이다. 적당히 분위기를 봐 가면서 아침에 나갔다가 저녁에 상황이 종료되면 돌아오면 된다. 아빠 없이 모든 것이 다 잘 마무리되어 있다. 아이는 자고 있고 엄마는 지쳐 쓰러져 있어서 잔소리할 기운이 없다. 그렇게 평일을 보내다가 주말이 되면 놀아주는 척하면 된다. 늦잠을 푹 자고 점심쯤 일어나서 놀자는 아이를 데리고 놀이터에 데려가서 뛰어놀게 하고는 핸드폰을 만지작거리다 돌아오면 된다. 이조차도 귀찮고 힘들면 이런저런 핑계를 만들어서 출근하면 된다. 그러면 또다시 평일이 되고 육아는 아빠와 멀어진다. 이 얼마나 편한 아빠 노릇인가? 맞벌이든 외벌이든 간에 골치 아픈 육아를 헌신적인 담당자에게 미루어두는 것은 정말 편한 방식이다.

　　아빠가 움직이기 위해서는 스스로가 느끼고 깨달아야 한다. 주변의 육아에 적극 동참하며 함께하는 옆집 아빠들은 모두 그런 순간들을 겪은 사람들이다. 예를 들어 전형적인 말 없는 가부장 아빠 밑에서 자라면서 내 아이와는 말 없는 관계가 되고 싶지 않다고 다짐한 나처럼 말이다. 원래 변화라는 게 우리 인생에 그렇게 찾아오지 않는가?

그렇다면 무심한 아빠를 어떻게 정신이 번쩍 들게 할 수 있을까? 아빠가 함께하는 육아에 대한 좋은 점을 늘어놓으면 될까? 그랬다면 이미 시중에 나와 있는 책들로 충분히 세상은 변했을 것이다. 사람이 변하는 지점은 위기를 느꼈을 때다. 위기를 느끼기 위해서는 때론 자극적인 방식이 필요하다. 난 의식의 변화없이 절대 이 편함을 놓치고 싶지 않을 대부분의 아빠들의 마음을 흔들어 놓고 싶다. 그들이 여러 가지 이유를 대며 피해 왔던 질문들을 던지며 아빠에 대한 고민을 시작하게 하고 싶다. 아빠이기 때문에 할 수 있는 그런 마음속 깊이 있는 이야기 말이다.

그러기 위해서는 엄마의 적극적인 협조가 필요하다. 이 글이 낳은 아빠들과 이야기를 나누려면 우선 연결이 되어야 한다. 그동안 어떤 시도를 해 왔든지, 그리고 어떤 갈등과 실패를 겪어 왔든지 간에 다 덮어두고 다음에 이어지는 부분부터 아빠가 읽을 수 있도록 만들어 보자. 다음 부분부터 읽어 달라고 말해보자. 이곳에 아빠를 불러오는 것이 어쩌면 당신이 바라는 '함께하는 육아'에 대해 이야기를 나눌 좋은 기회가 될지도 모른다. 최선을 다해 아빠를 설득시켜 보자. 그저 한 번만 읽어 달라고.

☀ 이 글을 아빠에게 보여주세요

이제 이 글을 마주하는 자는 아빠인가? 당신의 그 표정이 보인다. 입은 삐죽거리고 불신에 가득 찬 눈동자. 타의 100%로 이곳에서 나와 마주한 당신. 어디 한번 얼마나 대단한 글인지 보자는 당신의 표정이 보인다. 조금만 릴렉스 하고 먼저 인사를 나누자. 나도 당신과 같은 아빠다. 같은 종족이며 잡아먹지 않는다. 자, 시작해 보자.

"당신은 아빠인가? 아니면 그저 정자 제공자인가?" 좀 질문이 강했나? 그렇다면 당신이 되고 싶은 아빠의 모습은 무엇인가? 만약 이 질문에 별 고민 없이 대답을 바로 했다면 훌륭하다. 답을 바로 했다는 것은 이미 고민을 해왔다는 것이니 남은 것은 그것을 위한 행동뿐이다. 그저 그동안 미루어둔 것뿐이니 이제 움직이자. 어느 누구도 당신을 도와줄 수 없다. 직접 해야 한다. 하지만 이 질문을 생전 처음 받아보며 단 한 번도 생각해 보지 않았다면 계속 함께 나아가 보자. 우선 당신을 칭찬한다. 지금 이 질문에 마주한 당신은 이조차도 거부하고 거절하고 도망친 다른 아빠들과 시작점이 달라졌다. 이제 우리는 함께 충분히 고민을 시작할 준비가 되어있다.

잠시 생각을 해보고 답을 해보자. 어떤 답을 했는가? 아마 구체적인 답을 하기 어려웠을 것이다. 그냥 쉽게 답할 수 있는 질문이 아니기 때문이다. 지금 나와 함께하는 당신은 안타깝게도 이런 고민을 해본 적이 없다. 누구도 물어보지 않았을 것이다. 난 생각할 기회를 주고 싶다. 나도 잘 안다.
이런 질문을 진지하게 생각해 볼 시간도, 그럴 기회도 없었다
는 것을.

　　아빠가 된다는 것은 무엇인가?

　　어떤 아빠가 되고 싶은가?

　　아이가 어떻게 자라길 바라는가?

　　아이에 대해 얼마나 알고 있는가?

　　아이와 어떤 관계를 맺기 원하는가?

　　나와 내 아이가 지금 이대로 지내도 괜찮은가?

　　우리는 자신에게 이런 질문들을 건네며 시작해야
한다. 단 몇 분이 되었든 몇 시간이 되었든, 하루든 며칠이든
생각해보자. 생각과 고민의 실마리를 위해 내가 겁첩한 아빠
가 되어가는 이야기와 아빠 육아에 대한 내 생각을 읽어봐도
좋겠다. 그러고 나서 다음 글에서 다시 만나자. 모두 빠짐없이
돌아오길 바라며.

이제는 하나가 아닌 둘로

생각, 시간, 역할의 변화로 시작된다

"당신이 되고 싶은 아빠의 모습은 무엇인가?"라는 질문에 어떤 답을 했는가? 사실 답을 하지 못했더라도 아무 상관 없다. 사실 나도 정답을 모를뿐더러 나한테 물어봐도 어리벙벙할 엄청난 질문이다. 원래 중요한 질문은 답이 없는 법이다. 고민의 시작이 중요한 거니까. 그래도 생각한 시간이 어땠는가? 이런 기회를 처음 가져본 아빠로서 자신을 돌아본 고민의 순간은 어땠는가? 고민이 깊어져 옆에 있는 인생의 파트너와도 생각을 나누었다면 금상첨화겠다. 도저히 모르겠다는 답이었어도 상관 없다. 어디로든 한 걸음을 내디딘 것과 신발도 신지 않은 것과는 완전히 다르기 때문에.

당연히 아직 나만의 답을 찾지는 못했겠지만 그 고민으로 인해서 육아의 주체가 되는 것이 아이에게 꼭 필요하다고 동의하게 되지 않았는가? 그렇다면 준비는 끝났다. 생각의 시작이 같다면 이제부터 내가 할 이야기를 들어줄 열린 마음이 되었다. 혹시 '도대체 난 모르겠다. 왜 아빠가 육아를 해야 하는지 모르겠다.'라는 상태라도 괜찮다. 어느 정도의 의심이 있겠지만 뭐라고 하는지 한번 들어보자는 마음으로 왔을 것이다. 아주 좋은 시작이라고 생각한다. 0보다는 0.00001이 무조건 낫다고 믿는다. 내가 들려줄 이야기는 세 가지다. 바로 우리 아빠들이 변해야 할 '생각, 시간, 역할'에 대해서다.

☀ 생각이 바뀌면 행동도 바뀐다

나는 생각이 바뀌기 전에 상황이 먼저 바뀐 경우였다. 직접 생각해서 스스로 나를 변화시키기 전에 나를 둘러싼 모든 것들이 변해가면서 내 생각을 움직였다. 하지만 이런 상황은 쉽게 일어나지 않는다. 갑자기 나처럼 무조건 공동육아 어린이집을 보내고, 다짜고짜 육아휴직을 내서 그동안 모자랐던 정성과 시간을 보답하도록 할 수 없다. 이건 그저 나의 경우다. 변화의 모습은 모두 다를 수밖에 없고 각자에게 맞는 변화가 있다고 믿는다. 모든 상황은 개인마다 다르고 아빠에 대한 생각도 다르다. 그러므로 결정도 실행도 모두 다르다. 이 모든 것을 존중해야 하고 존중받아야 한다.

내가 하고 싶은 이야기는 진지하게 '아빠가 되는 것'에 대한 생각과 입장을 바꿔보자는 것이다. 정말 아쉬운 것은 이런 기회조차 갖지 못하고 아빠라는 지위만 획득한 후 시간이 흐르고 흘러 전형적인 방관자, 관찰자, 주변인으로서 머무르게 되는 경우다. 스스로 생각해 보고 결정해 보자. 고정관념을 깨는 과정이 불편하다는 이유만으로 이런 결정할 기회를 없애지 말자. 아이를 갖고자 하는 생각이 있다면, 이미 가졌다면, 아이가 자라고 있다면 꼭 한 번 생각해봐야 한다.

이 생각의 변화는 현재 우리에게 너무도 당연한 이 두 가지 생각을 깨부수는 것으로 시작하면 좋겠다. 하나는 '여성, 엄마의 육아는 당연하고 그 희생은 숭고하다.', 그리고 다른 하나는 '남성, 아빠의 육아는 있을 수 없고, 혹시 있어도 보조적일 뿐이다.' 엄마는 육아에 대한 운명적이고 절대적인 책임이 있고, 아빠는 육아 때문에 다른 일을 포기하거나 제한하는 것은 있을 수 없다는 알 수 없는 그 이중잣대. '육아로 인한 경력단절 여성'을 뜻하는 경단녀라는 말은 어떻게 나왔으며 경단남이라는 말은 왜 없을까? 엄마는 아이를 출산하면 휴직과 퇴사가 당연한데 왜 아빠는 그렇지 않을까? 아이를 낳았다는 이유로 모성애를 강요하고 모든 것을 홀로 책임져야 한다고 몰아가는 사회 풍조는 무엇을 위한 것일까?

남성, 아빠들의 생각을 바꿔야만 이런 억지스러운 분위기가 변할 수 있다. 이 철저한 고정관념이 무너지고 나면 이제 아빠로서 나아가야 할 길이 보이기 시작한다. 육아는 당연히 엄마 아빠가 함께하는 것으로 느껴지고 자연스러워진다. 행여나 길을 잘못 들까 봐 다시 한번 강조하는데, 혹시라도 육아를 열심히 돕겠다고 했다면 다시 처음으로 돌아가자. '돕는 것'이 아니다. 남의 일이 아니고 내 일이다. 자신의 일, 공동의 일이므로 '함께하는 것'이다. 이 미묘한 차이는 우리의 머릿속에서 그리고 행동에서 엄청난 차이로 이어진다. 그만큼 생각의 변화가 중요하다.

이렇게 생각이 바뀌고 나면 어떻게 될까? 바로 행동하게 된다. 행동하지 않는다면 생각이 바뀌지 않았다는 것이다. 행동의 모습은 사람마다 다르게 나타날 것이다. 다를 수밖에 없다. 그것을 가지고 이게 맞네 저게 맞네 할 필요가 없다. 개개인은 원래 다른 것이기에 아빠가 되는 모습도 다를 수밖에 없다. 생각이 바뀌었다면 사실 다 끝났다고 할 수 있다. 자신만의 방향을 정해서 나아가면 된다. 자신의 생각이 확고해졌다면 바로 이 글을 떠나도 좋다.

☀ 육아는 연애, 시간을 내자

우리에게 가장 소중한 자원은 무엇일까? 돈? 건강? 마음? 난 모두에게 공평하고 그만큼 소중한 것이기에 다른 이에게 관심과 정성을 표현하는 데 이것만큼 확실한 것은 없다고 믿는다. 바로 '시간'이다. 이렇게 생각해 보자. 우리가 연애를 하는데 내 시간은 아까워서 전혀 쓰지 않고 돈과 선물로만 계속 표현한다면? 상대방이 내 마음을 알아줄 리가 없다. 내 시간을 내어주지 못하면서 그 관계를 쌓아갈 수 있을까? 육아, 다시 말해 아이와의 관계 쌓기도 똑같다. 아이와의 관계도 연애와 같다. 내 시간을 쓸수록 상대방이 나의 진심을 알게 되고 마음을 열게 된다.

중요한 부분은 내어주는 시간에 대한 판단은 내 기준이 아니라는 것이다. 그것에 대해 느끼고 감동하며 어떻게 받아들이는가는 절대적으로 상대방에게 달려 있다. 나에게는 30분을 내는 것이 엄청나다고 생각할 수 있지만 아이는 놀이 시간으로는 많이 부족하다고 느낄 수 있다. 그렇다면 아이에게 맞추는 것이 맞다. 내 소중한 30분을 아이에게 생색내고 싶다면 연애를 생각해 보자. "내가 널 위해 이렇게 많은 시간을 쏟아부었는데!" 어떻게 보일지 딱 느낌이 오지 않는가?

아이에게 시간을 낼 때 중요한 것은 양보다 질이다. 이것은 아이와 보내는 시간에 대단한 것을 해야한다는 뜻이 아니다. 내가 아이를 제일 중요하게 여기고 항상 먼저 생각한다는 것이 아이에게 느껴져야 한다는 뜻이다. 연애할 때 이것저것 재면서 시간 아까워하는 것은 상대방도 쉽게 느낀다. 똑같다고 보면 된다. 아이 스스로 자신이 가장 우선순위가 높다는 것을 느끼게 된다면 함께하는 시간이 얼마가 되었든 간에 관계의 중요성을 알게 된다.

갑자기 출근을 하지 않거나 하던 일도 내팽개쳐 두고 시간을 내라는 것이 아니다. 분명히 남는 시간이 있다. 밖에서 놀고 집에서 쉬면서 육아를 외면하던 시간을 돌아보자.

남는 시간을 온전히 전부 쓰라는 것도 아니다. 그저 인식을 바꾼 상태에서 아이와의 시간을 조금씩 가져보자. 우리 아이가 어떻게 지냈고 무엇을 좋아하고 무엇을 싫어하는지 물어보자. 누구와 친하고 요즘엔 무엇을 하고 노는지, 그 동안 전혀 관심이 없었던 내 아이의 삶을 들여다보는 것이다. 그렇게 시간을 함께 가지면 된다. 그게 시작이며 그게 끝이다. 관계란 그렇게 서로를 알아가려는 시간을 낼 때 만들어진다.

☼ 나만의 역할을 만들자

　우리가 만나온 수많은 사람 중에서 어떤 사람이 기억에 남는가? '이거 하면 그 사람이지!'라고 각인된 경우라면 잊어버리기 쉽지 않다. 우리 아빠들도 아이에게 그런 사람이 되어보자. 우리 아빠 하면 ○○다! 이렇게 말이다. 그게 무엇이든 간에 별것 없어도, 너무 유치해도 상관없으니 아빠만의 역할을 만들어보자. 놀이든 교육이든 청소든 뭐든 시작할 수 있는 것으로 정해 보자. 정 모르겠다면 TV 광고처럼 짜파게티라도 끓이자. 스스로 생각이 어렵다면 아이나 아내에게 물어보는 것도 방법이겠다. 아빠의 역할 만들기는 육아로 삐걱댔던 부부관계를 단숨에 끌어올릴 수 있는 훌륭한 대화거리다. 항상 아이와 마주칠까 봐 피하기만 했던 사람이 뭐라고 해보겠다는데 얼마나 예뻐 보일까.

소박하더라도 정확하고 구체적인 역할을 정하는 것이 좋다. 예를 들어, 잠자기 전 아이를 씻기는 것은 아빠가 하겠다는 것처럼. 물론 평일에 매일은 어려울 수도 있다. 그런데도 정기적으로 함께 스킨십을 하는 것은 아이와의 관계를 만들기에 효과적이다. 이를 위해 야근이나 회식을 조절하게 될 것이고, 아이도 아빠가 집에 오는 것을 기다리게 될 것이다. 아이를 씻기다 보면 체력 소모가 크기 때문에 종일 힘들었을 엄마보다는 아빠가 해주는 것이 낫다.

대단한 것을 만들어낼 필요는 없다. 흘러가는 일상 중에서 내가 할 수 있는 작은 일부터 하면 된다. 그러기 위해서는 아이의 일상을 들여다보아야 한다. 그렇게 아이와 친해지는 것이다. 무엇을 하고 지내는지 아빠와 어떤 것을 함께하면 좋을지. 그저 '아빠는 나와 무엇을 같이 해.'라고 아이가 말할 수 있도록.

우리는 늘 이야기한다. 인생은 타이밍이라고. 그럼 이제 기억에 남는 세 가지, 생각, 시간, 역할에 대한 변화는 언제 하면 될까? 가장 좋은 타이밍은 가장 빠른 타이밍이다. 우리에게 가장 빠른 시간은 바로 지금뿐이니 가장 좋은 타이밍은 언제나 '바로 지금'이다. 육아에서는 지금이 아니라면 모두 늦다. 아이는 태어나고 나면 쉬지 않고 자라기 시작해 잠깐 기다려주지도, 멈춰 서주지도 않는다. 아이와 아주 멀어진 후에 후회해도 서로의 관계를 돌이키기 힘들다. 이런 일이 얼마나 우리 주변에서 반복되고 있는가? 고민이 시작된 지금 바로 시작하자. 아이는 이미 자라고 있다. 무엇을 망설이는가?

아빠를 부르는 것과 아빠라고 불리는 것의 차이는 아주 크다. 이것을 이해하고 느껴진다면 변화가 시작된 것이다. 마지막으로 다시 묻겠다. "당신은 아빠인가? 아니면 그저 정자 제공자인가?" 대답이 좀 달라졌는가? 이제 내가 할 수 있는 일은 모두 끝났다. 혹시라도 이 글에서 뭔가 완벽한 행동 방침, 해야 할 일, 온갖 방법론을 기대한 것은 아니길 바란다. 난 그저 평생 하지 않고 살아갈 뻔한 고민의 시작을 돕고 싶었다. 생각을 하는 것도, 그리고 행동하는 것도 본인 스스로 말고는 누구도 해줄 수 없다. 이제부터가 진짜다. 생각을 시작했다면 이에 맞게 행동하고 달라질 때다. 스스로를 진짜 아빠로 여길 수 있게 될 당신을 응원한다!

5

육아가
존중받는
세상을 꿈꾸며

가까워진 위기를 단단해질 기회로

코로나19 시대의 독박육아

만족스럽게 흘러가던 호주 생활에도 위기가 찾아왔다. 바로 코로나19. 학교가 문을 닫았다. 믿고 의지하고 있었기에 더욱 당황하고 갈팡질팡했다. 끝을 알 수 없는 가정 보육과 교육이 시작되었다. 이런 참담한 상황 속에서도 학교의 방침은 한결같았다. **절대 부모가 스트레스 받으면 안 된다. 또한 아이에게 주지도 말아야 한다.** 억지로 가르치려 애쓰는 것보다는 아이와 부모의 안정과 행복이 우선이었다. 학습 자료와 계획표가 집으로 전달되었다. 아이의 상황에 맞게 자주 쉬면서 놀이처럼 진행해야 한다고 신신당부했다. 실제로 자리에 앉아서 하는 학습 시간은 1시간은커녕, 30분도 안 되었다. 중간중간 아이들의 집중력이 흩어지거나 힘들어하면 간식도 먹고, 나가서 놀다가 하길 권유했다. 다행히 이 기간이 영원히 지속되진 않았다. 쉽지 않았지만 아이와 나를 위한 리듬을 지키며 잘 이겨냈다. 모두 우리에게 무엇이 더 중요한지 거듭

해서 바로잡아 준 학교 덕분이었다.

　　그러다 문득 한국은 이 코로나19 시대에 어떨까 궁금했다. 보육, 교육 시설의 휴원, 휴교가 반복되고 부모 돌봄 책임과 시간이 늘어났을 것이다. 특히 맞벌이 부부는 진지하게 휴직과 퇴사를 고민하게 되었을 것이다. 안타깝게도 그런 처절한 상황 속에서 여전히 엄마의 부담이 과중될 것이라는 결론을 내리게 된다. 코로나19라는 전대미문의 상황으로 세상이 달라졌어도 여전히 육아는 엄마 몫으로 남아 있을 것이다. 전업주부는 물론이고 맞벌이 부부의 경우에도 엄마만 아이를 챙기지 못한다는 죄책감에 시달리며 괴로워할 것이다. 이렇게 이 시대의 육아는 코로나19 발 '지옥 독박육아'를 탄생시켰을 것이다.

　　당연하다. 인식이 그대로니 상황이 달라졌다고 아빠가 변할 리가 없다. 어차피 안 하던 남자들은 엄마들이 알아서 어떻게든 더 하겠지 하고 모른 체할 뿐이다. 전업주부들은 항상 육아를 하니 애가 집에 있든 어린이집, 유치원이나 학교에 있든 똑같다고 생각한다. '돌밥돌밥'이라는 말을 들어봤는가? '돌아서면 밥 차리고 돌아서면 밥 차린다.'의 줄임 표현이다. 삼시 세끼를 하루도 빠짐없이 차린다는 것은 보통 일이 아니다. 애 볼래? 밭매러 갈래? 물으면 밭매러 간다는 옛말은 여전히 유효하다. 집에 있으면 밥이라도 해야 한다는 시대착오적인 발상은 하지 않기 바란다.

　　심각한 것은 맞벌이 부부도 마찬가지다. 그전에도

워킹맘이라는 타이틀을 가지고 일과 육아를 온몸으로 막아왔다. 코로나19 시대에도 변함이 없다. 똑같이 일하는 부부인데도 여전히 육아의 부담은 엄마의 몫이다. 아빠도 워킹대드로서 육아를 해야 하는데 이 사회는 그렇게 여기지 않는다. 재택근무를 해도 크게 달라지는 것은 없다. 여전히 밥을 차리고 아이를 돌보는 것은 엄마의 몫이다. 아빠는 집에서든 회사에서든 아이보다 중요한 게 있는 모양새다. 아이를 함께 만들었지만 함께 돌보지 않는다. 약속이나 한 것처럼 모른 체하기 바쁘고 어쩌다 도우려다가도 힘들고 귀찮아서 금세 나가떨어진다. 역시 애는 엄마가 봐야 하나 싶은 생각에 어서 회사에 나가고 싶은 생각뿐이다.

　　잠깐 다시 짚고 넘어가자. 이 모든 한국의 코로나19 지옥 독박육아에 대한 것은 내 상상이다. 너무 실감 났는가? 사실 나는 그곳에 없었다. 그런데 어떻게 이렇게 생생하게 한국의 상황을 표현할 수 있을까? 그냥 저절로 그려진다. 달라지기 싫어하는 사회가 코로나19 속에서도 꿋꿋하게 버틸 거라는 단단한 확신이 든다. 슬프지만 마음대로 상상한 모습과 실제는 똑같을게 분명하다. 하지만 나 또한 한국에 있었다면 다른 아빠들과 크게 다르지 않았을 것이다. 이어지는 재택근무와 가정 보육이 겹치면서 혼란스러워하며 맞벌이 아내와 서로 좁혀지지 않는 인식의 차이를 극복하지 못했을 것이다. 그럼에도 끝끝내 내가 중심이 되어 육아를 한다는 생각을 못했을 테다.

육아하는 아빠로서 또 다른 상상을 해본다. 이번 일이 오히려 아빠들이 아이들과 친해지고 육아에 들어올 기회이지 않을까. 코로나19 덕분에 물리적 거리가 좁혀졌다면 이를 통해 소원해진 관계를 뒤집어 볼 수 있지 않을까? 언제나 기회는 위기 속에서 등장한다. 여전히 아이를 엄마에게 미뤄놓은 상태라면 한번 생각을 바꿔보자. 코로나19는 아직 끝나지 않았고 여전히 아이들은 집에 있다. 이를 진짜 아빠가 되는 발판으로 삼을 수 있지 않을까? 조금 더 나아가서 이번 기회에 육아휴직을 내보는 것은 너무 과한 제안일까?

아이가 짐이 되고 엄마는 점점 구석으로 몰리는 답답한 상황에 멀리서 발만 동동 굴러본다. 이 책이 이런 절망적인 상황 속에 변화의 틈이라도 만들어준다면 좋겠다. 아이와 엄마를 다시 바라보고 아빠로서의 모습을 되돌아볼 기회를 맞이한다면 더할 나위 없겠다. 세상에 찾아온 끔찍한 현실 속에서 아이와 아빠, 아빠와 엄마가 좀 더 단단하게 뭉쳐지는 상상을 해본다.

육아 최전선에 선 아빠

아빠 육아휴직을 말할 때 내가 하고 싶은 이야기

"육아휴직하면 뭐 하고 놀 거야?"라는 질문을 수없이 받았다. 아무리 육아를 한다고 해도 믿지 않는 눈치였다. 그들에겐 육아는 당연히 엄마가 알아서 하는 거라는 인식이 뿌리 깊게 박혀 있기 때문이다. 기껏해야 '나는 잘 돕는 편이야.'라며 우쭐대는 사람이 있는 정도다. 육아는 돕는 게 아니고 함께하는 것이라는 기본 명제도 머릿속에 들어있지 않았고 이는 지금까지도 현재 진행형이다. 육아를 맡아서 하는 나를 보는 주변의 시선은 마냥 따뜻하고 곱지만은 않다. 언제까지 그렇게 시간을 낭비하며 놀 것인지 걱정하는 사람들이 참 많다. 가치를 매길 수도 없는 이 놀라운 시간을 아무리 설명하려 해도 소용없다. 그들의 꽉 막힌 사고와 철저한 무관심에는 비집고 들어갈 틈이 전혀 없다. 그들에게 아이는 그냥 내버려 두면 알아서 크는 존재 그 이상도 이하도 아니다. 육아하는 아빠의 어려움은 아이와 지내는 시간에서 나오기보다 주변의 몰이해에서 나온다. 그럴 때마다 힘이 쭉 빠진다.

　　지금 내 삶은 육아가 중심이다. 눈치 보며 엄마와 아이 주변에서 맴돌기만 하던 시기를 뒤로하고 이제는 아이와 가장 가까이서 함께하고 있다. 육아휴직을 사용하면서 다시 오지 않을 아이와의 시간을 누렸다. 처음 경험해 보는 소중한 시간의 매력에 빠졌다. 이 매력에 헤어 나오지 못하고 육아휴직 기간이 끝난 뒤 개인 휴직을 사용하여 또 다른 시간을 보내고 있다. 이렇게 아이와 꼭 붙어 있게 되면서 많은 것이 달라졌다. 보이지 않던 것들이 보이면서 무신경했던 내가 변했다. 이 작고 어린 존재가 주변의 영향을 상당히 많이 받는다는 것을 깨닫기도 했다. 아이는 함께 지내는 아빠 엄마는 물론이고 집 밖에서 접하는 모든 것들을 스펀지처럼 흡수한다. 세상에 대한 새로운 인식과 지식을 알아가고 표현하는 모습은 어디서도 볼 수 없는 신비로운 광경이다.

　　하지만 모든 일엔 명과 암이 있듯이 반대의 경우가 늘 있다. 아이는 몰랐으면 하는 언어나 행동에도 아주 쉽게 물든다. 가까운 부모로부터 배우는 것을 발견하면 깜짝 놀라며 경각심을 갖는다. 다른 환경에서 배워오는 것들을 생각하면 속이 타들어 가기도 한다. 이렇게 아이의 크고 작은 변화를 보면서 늘 예의 주시하게 된다. 아이의 성장하는 모습은 외줄 타기를 하는 것처럼 위태로워 보이기도 한다. 특히 집을 나서서 어린이집, 유치원, 학교를 오고 가는 아이를 보면 더욱 그렇다. 부모 곁을 떠나 있는 시간이 늘어나면서 다양한 환경과 사람들에게 둘러싸여 자라난다. 이 과정에서 무사히 하루 하루를 커가는 모습은 기적에 가깝다는 생각이 든다. 안팎에서 벌어지는 가슴을 쓸어내리게 하는 크고 작은 사건 사고들이 그렇다. 아이로부터 전해 듣는 친구들끼리의 위험한 장난, 괴롭힘과 따돌림의 흔적들. 지나고 나면 모두 거짓말처럼 씻겨가고 성장의 발판이라고 여겨지지만 과정을 따라가는 마음은 늘 살얼음판이다. 어느 하나만 잘못되어도 아이라는 존재는 크게 흔들리고 상처받을 수 있기 때문이다.

　　육아의 중심에 서면서 달라진 점이 있다. 쉽게 분노하지만 금방 잊어버렸던 어린이 대상 범죄 소식을 접하는 태도다. 과거에는 안타까움에 분노를 퍼붓다가도 살아가는 데 급급해서 금세 잊었다. 그러다 무사한 내 아이를 보며 안심했다. 하지만 잠깐의 무사함이 영원할 수 있다고 장담할 수 없었다. 이제는 방관자였던 시절의 손쉬운 망각이 일어나지 않는다. 남의 일에 도통 관심이 없는 나도 떨쳐내지 못하는 쓰리고 답답한 일들이 머리와 마음에 계속 쌓여간다. 이건 분명히 남의 일이 아니었다. 내 아이도 언제든 위험에 노출될 수 있다. 이제야 그것이 보이기 시작했다. 사회에서 일어나는 일이 나와 상관없는 일이라 여기는 행동이 우리 아이들에게 얼마나 위험한 일인가. 누군가의 무관심, 누군가의 부주의가 아이를 위험에 빠트리고 잘못된 길로 인도할 수 있다. 모두의 정성 어린 눈과 귀, 건강한 손과 발이 필요하다. 그리고 그 시작은 부모로부터 시작된다. 안타깝게도 그 시작을 위한 준비가 부족하다는 것을 아빠로서 육아를 하며 알게 되었다. 그동안 잘 모르고 지내왔던, 생각보다 많이 삐뚤어진 우리 사회의 민낯을 접하게 되었다.

아이들은 가장 약한 존재다. 물리적으로도 사회적으로도. 가끔은 어떻게 이렇게 무방비한 상태로 세상에 던져질 수 있을까 싶을 정도다. 아무것도 혼자서 할 수 있는 게 없다. 돌봄이 없으면 단 하루, 아니 몇 분조차 버티지 못한다. 사회 절반의 무관심으로는 우리 아이들이 건강하고 안전하게 자라지 못한다. 자극적인 뉴스에 그때그때 화내는 것으로는 아무것도 달라지지 않는다. 남을 쉽게 비난하고 욕하는 것보다는 집에 돌아가 아이와 대화하고 어떤 환경에서 자라는지 알아가는 관심으로 시작해보자. 남에게 맡겨 놓고 아무런 노력도 들이지 않는 안일한 태도는 건강한 육아 환경에 아무런 도움이 되지 않는다. 우리 아이들이 안전하게 자라는 환경은 우리 모두 함께 만들어야 한다. 아이를 세상에 내놓은 것은 아빠 엄마 모두의 결정이니.

*출처: <웹진 아이사랑 61호 '육아 즐거워요'>

아빠를 부를 때와 아빠로 불릴 때의 차이

책임감, 그리고 유일함

　　요즘 단연코 가장 많이 듣는 말은 '아빠'다. 아들이 깨어 있는 동안에는 쉴 새 없이 아빠라고 불린다. 이름을 불러주었을 때 비로소 꽃이 되었다는 시처럼 나는 영락없는 아빠가 된다. 불리는 대로 존재의 의미를 찾아가는 우리기에 지금의 내 정체성은 불리는 그대로다. 과거의 시간 동안 불려 왔던 이름도 직책도 아닌 아빠가 현재의 내 존재다. 내 아들의 아빠로 불리는 시간이 꽤 오래 쌓였다. 어색했던 처음을 뒤로하고 이젠 불리지 않으면 어색하다. 아침부터 잠들 때까지 듣는 이 말이 이제 이름보다 더 익숙해졌다. 나도 아빠를 부르던 시절이 있었다. 그 시간이 아빠로 불린 시간보다 훨씬 길었다. 지금에 매몰되어 괜히 그때가 아득해 보이지만 분명히 내 기억에는 살아있다. 지금 내 아이처럼 아빠를 부르던 그때를. 아빠를 부를 때와 아빠라고 불릴 때의 다름을 알아간다.

　　이 책의 초고를 완성하고 한 달 후에 아버지가 세상

을 떠났다. 나와 가장 닮은 사람과 헤어졌다. 직접 만나 뵌 지는 1년이 넘었고 서로 닮았다고 생각해 본 적은 별로 없다. 헤어지고 나서야 닮은 점이 하나 둘 떠올랐다. 무뚝뚝함, 욱하는 기질, 책과 역사를 좋아하는 것. 우리가 조금 다른 것은 내가 더 말이 많다는 것이었다. 마지막으로 나눈 이야기도 나의 잔소리와 그의 미안하다는 답이었다. 호주에서 지내는 덕에 코로나19에도 불편하지 않게 생활했다. 그러나 헤어짐을 함께하기 위한 자리에 나는 갈 수 없었다. 그간의 편리함이 한꺼번에 엄청난 불편함으로 몰려왔다. 내가 할 수 있는 것은 어디에도 없었다. 보이고 들려오는 슬픔의 장면들은 너무 멀었다. 내가 느끼는 슬픔이 그곳에 있는 다른 이들과 같은 것인지 알 수 없었다. 그렇게 아주 멀리서 바라만 봐야 했고 매 순간 느끼는 무기력함, 아쉬움, 허탈함은 끝이 없었다. 몇 안 되는 추억들을 끄집어내며 지냈다. 가까이 있지 못하는 것을 그렇게라도 메워보려고 했다. 이제 아들로서 아빠를 부를 수 있는 시간은 끝났다. 내겐 아빠로 불리는 시간만 남았다. 떠난 아빠를 떠올리며 아들을 바라보는 것은 묘했다.

우리 아빠는 전형적인 가부장 사회의 아빠였다. 소설이나 드라마에 등장할 법한 분이었다. 집안일, 육아에는 일절 관심이 없었고 말도 없어서 어떤 생각을 하고 있는지 알기 어려웠다. 가족들을 먹여 살려야 한다는 생각에 일만 하기도 힘들어서 그러셨던 걸까? 아빠의 속마음은 알 길이 없으니 난 아들로서 아빠를 느꼈고 기억할 뿐이다.

육아와 거리가 멀었던 아빠, 그래서 나는 그러지 않겠다고 결심하게 해준 아빠를 떠나 보내고 나서야 명확해졌다. 아빠를 부르는 것과 아빠로 불리는 것의 차이는 책임감이었다. 아빠를 부를 때는 편했다. 내겐 아무 무게감이 없었고 그 말을 받아내는 쪽으로 모든 부담은 지워졌다. 당연하게 부르던 그 말의 무거움을 그땐 몰랐다. 이미 정해진 관계를 지칭하는 말로만 사용되었기에 그것에 담긴 다른 의미는 눈치채지 못했다. 내 아이에게 아빠로 불려보니 그 말에는 분명히 묵직한 무언가가 담겨 있었다. 아빠로서 가지게 되는, 그리고 가져야 하는 것들이었다. 그것은 이 아이를 세상에 내어놓았다는 사실을 중요하게 여기는 마음이었다. 아이에 대해 해야 할 마땅한 것, 즉 아이와의 관계를 형성하고 지켜가야 하는 나의 의무에 대한 책임이기도 했다. 나만이 짊어질 수 있는 책임감은 불리는 시간이 쌓일수록 더욱 무거워졌다.

아빠를 부르는 것과 아빠로 불리는 것의 같음은 '유일함'이었다. 내가 아빠를 부를 때, 나는 아빠의 유일한 아이였으며 아빠는 나의 유일한 아빠였다. 내가 아빠로 불리는 지금도 이는 변함없다. 서로에게 유일한 존재로서 우리는 놓여 있다. 세상에 있는 단 하나의 아이이며 아빠인 것이다. 누구도 대체할 수 없는 관계, 이것이 아빠와 아들이라고 불리는 사이였다. 이는 책임감보다도 더 크게 다가오는 막중함이었다. 내가 아니면 아무도 될 수 없다. 내가 아빠로서 역할을 하지 않으면 내 아이에게 아빠는 없다.

생각이 여기까지 미치자 신기한 일이 벌어졌다. 내가 아빠라고 부르던 시절의 유일함과 책임감의 추억들이 하나둘씩 다시 기억나기 시작했다. 운동장에서 했던 축구, 차도 없이 유일한 휴일인 일요일마다 다녔던 나들이, 꼬박꼬박 챙겨서 계곡으로 바다로 다녔던 여름휴가, 아쉽지 않게 자주 먹으러 다녔던 갈빗집, 기념일이면 찾아갔던 단골 경양식집. 돌아보면 아빠는 아빠로서의 노력을 해왔을 지도 모른다. 내 기억엔 좋은 아빠로 남지 못했을지라도 그게 아빠의 최선이지 않을까. 아빠를 기억하는 아들로서, 아들에게 기억을 남겨가는 아빠로서 이런저런 생각이 마음에 남는다

내가 자식으로서 느꼈던 아빠의 부족함과 아쉬움이 합쳐져 지금의 나라는 아빠를 만들어 가고 있다. 나와 내 아이에게 같은 후회를 반복하지 않겠다고 다짐하게 된다. 하시만 매일 하는 결심과 행동의 불일치로 안타까움이 늘 존재한다. 그런 큰 간극을 행하고 느낄 때마다 두렵다. 내가 애쓰고 있는 것이 내 아이에게 어떤 의미로 남을지 걱정이다. 우리 아빠도 나와 같은 생각과 마음으로 임했고 그 결과가 내게 남은 이 기억이라면? 지금 내가 뭔가 다르게 하고 있다고 믿는 모든 것들이 별로 다르지 않다면? 내가 아들로서 느낀 것처럼 내 아들도 나를 그렇게 느낀다면? 이런 상상으로 몸서리치다가도 그렇다면 나는 무엇을 어떻게 해야 하나 싶다. 내가 옳다고 믿는 대로 최선을 다했다면 만족할 수 있는 건가? 그럼 나는 아빠와 다른 아빠인가?

이루고자 하는 것이 명확할수록 그것을 위한 답은 모호하기 마련이다. 난 아들에게 좋은 아빠가 되고 싶지만 그것은 내가 정할 수 없다. 결국 나를 어떤 아빠로 기억하느냐는 아이에게 달렸다. 다른 이의 생각과 기억은 마음대로 할 수 없으니 나는 그저 나만의 최선을 다하려 한다. 스스로에게만큼은 후회 없이 떳떳해지고 싶다. 나중에 내가 떠나고 나면 아들이 나를 많이 추억할 수 있게 우리 사이의 좋은 대화들이 기억에 남으면 좋겠다. 우리 아빠는 나와 이런 이야기를 나누었었지 하면서. 그럼 더 바랄 게 없다. 이를 위해 지금 내가 할 수 있는 것을 한다. 아이와 눈을 마주치고 아이의 말과 행동에 집중한다.

이 책은 과거의 나와 아빠의 부족한 관계에서 비롯되었다. 나 스스로의 변화를 바라는 마음에 뛰쳐나온 것들이 다른 이들에게도 변화를 만들어내면 좋겠다. 아이와 좋은 관계를 맺으려고 힘쓰는 아빠들이 세상을 가득 채우길 바란다. 우리 아이도 나중에 그런 아빠가 당연한 세상에서 아빠가 되기를 바란다.

누가 우리에게 돌을 던지는가

아이 낳고 기르는 것을 결정하는 것은 우리

옛날에는 결혼을 하고 나면 이 질문이 바로 따라왔다고 한다. "그래서 아기는 언제 낳을 거니?" 자주 보는 가까운 사람부터 명절에 가끔 보는 친척들까지 같은 질문을 쉬지 않고 했다고 한다. "이제 아기 낳아야지?" 그러다 시간이 점점 흐르면 본격적으로 눈에 불을 켜고 나섰다고 한다 "지금 낳아도 노산이다. 혹시 불임은 아니지?" 출산이 여성의 의무이자 임무라고 치부되던 시대 말이다.

획일화되고 일반화되었던 과거를 지나 요즘은 각자의 선택과 자유에 의한 삶의 방식이 다양해지고 있다. 가정과 가족의 모습도 많이 바뀌었고 종류도 많아졌다. 내가 초등학교 때 배웠던 것처럼 대가족과 핵가족으로 양분화 된 시절은 정말 옛날이다. 이런 전형적인 가족의 모습을 채우던 아빠, 엄마, 그리고 아이도 모두 과거의 유산이다. 아이 없이 행복한 부부 생활을 하는 경우도 주변에서 심심치 않게 볼 수 있다. 결혼도 출산도 모두 선택이고, 어떤 삶의 방식이든 존중받아야 한다고 생각한다. 그래서 아이 없는 부부에 대해 개인적인 판단이나 감정은 전혀 없다. 사람마다 모두 다르듯이 그들과 내가 다른 것뿐이다.

가끔 아이를 택하지 않은 부부들에게서 놀라운 이야기를 듣게 된다. 부부간의 많은 대화와 생각의 나눔으로 그들의 결정이 이루어졌을 텐데 옛날에나 존재했을 거라 생각했던 질문들이 끊임없이 들어온다는 것이다. 그래서 아기는 언제 낳을 거니? 이제 아기 낳아야지? 지금 낳아도 노산이다. 혹시 불임은 아니지? 2021년인 지금도 이런 이야기를 하는 사람들이 우리와 함께 살고 있다. 주변의 이런 오지랖은 몇십 년 동안 계속되며 신체적으로 아이를 가지지 못하게 되는 순간까지 끝나지 않는다고 한다.

왜 이렇게 되었을까? 누군가는 아이를 갖지 않기로 결정하고, 누군가는 아이를 낳으라고 강요한다. 누군가 우리에게 둘째를 가지라고 강요한다면? 어느 정도 그들이 받는 압박과 스트레스를 짐작해볼 수 있다. 우리도 심심치 않게 들어왔다. 이제 좀 정신을 잡고 육아와 삶의 균형을 찾아가는 우리에게 둘째 찬양론자는 항상 틈을 노렸다.

"첫째랑 더 터울 지기 전에 둘째 낳아야지."

"둘째는 저절로 커."

"둘째는 사랑이야. 무조건 있어야 해."

"당신이 키워줄 건가요?"라는 말이 성대를 지나 입

술까지 왔다가 힘들게 참고 내려가는 경우가 참 많았다.

저출산 문제가 심각하다며 아이가 없으면 우리에겐 미래가 없다고 한다. 그래서 아이를 갖지 않으려는 부부에게 사회에 대한 책임과 의무를 저버리는 것이라고 따가운 시선을 쉽게 던진다. 그들이 단순히 아이를 낳아 기르는 행복보다 부부끼리 살아가는 행복이 더 크다는 이유로 결정을 했을까? 둘째의 압박을 견뎌본 나는 그들에게 분명 여러 이유가 있다고 확신한다. 분명한 이유 중 하나는 육아가 엄마에게 힘들다는 판단이다. 그들은 육아로 인해 힘들어하는 엄마들의 모습을 너무도 많이 봐왔다. 가까이는 본인을 위해 희생하신 엄마, 주변에는 잘 나가던 선배가 하루아침에 회사를 그만두는 장면. 아이가 삶의 축복이라고 말하지만 실제로 보이는 모습은 행복을 포기하는 엄마들의 모습뿐이다. 어떤 부부는 아내의 행복을 지키기 위해 아이를 갖지 않기로 함께 결정을 내리기도 한다. 딩크족이 생겨난 배경의 핵심은 아이를 낳으면 엄마의 희생이 수반된다는 것을 경험했기 때문이다.

잠깐 다른 이야기를 해보자. 나처럼 육아휴직을 내는 아빠들이 점점 생겨나고 있지만 아직도 극소수다. 육아휴직을 내고 나서 내가 가장 먼저 한 일은 다른 아빠 육아휴직자 찾기였다. 스스로를 후발 주자라 여겨 많은 동료와 선배들을 기대했으나 쉽지 않았다. 오히려 넘쳐나는 엄마 독박육아의 힘든 이야기만 접할 뿐이었다. 아빠 육아휴직자인 나는 어디서나 특이한 존재였다. 다시 말하면 외로운 존재였다. 몇 안

되는 다른 아빠 육아휴직자들도 비슷했다. 주변에 아무리 육아휴직이라고 설명해도 "나도 쉬고 싶다. 놀아서 좋겠다. 부럽다."라는 반응만 쏟아진다. 직장에서는 인사고과와 승진에 대한 불이익을 감수하고 나온 이상한 사람으로 이해 받지 못하고, 사회에서는 그저 애나 보는 능력 없는 사람이라 여겨졌다.

오래된 지인의 연락에 육아휴직 중이라고 알린 적이 있다. 바로 날아온 답변은 이거였다. "와! 용자네, 용자야!" 내가 정말 용감한 사람일까? 용감하다고 하는 이유는 아마 이럴 것이다. 당연하게 벌어질 큰 위험을 무릅쓰고 용기를 낸 사람이기 때문이다. 본인은 그 위험을 각오할 자신이 없었지만 그것을 무릅쓰고 결정한 나에게 던지는 부러움과 조롱이 섞인 말이다. 도대체 내게 완벽하게 예정된 위험이란 무엇일까? 회사에 없는 동안 내 자리가 사라지고, 돌아간 뒤 이유 없이 낮은 평가를 받게 되고, 승진은 당연히 물 건너갔다는 그런 것인가? 이게 지금 우리의 현주소이며 모른 척하지만 모두가 인정하고 있는 암묵적인 관습이다. '아빠 육아휴직자=용감한 자=불이익을 감내할 용기를 가진 사람=특이한 사람.' 난 용감한 사람도 아니고 특이한 사람도 아니다. 그냥 좋은 아빠가 되고 싶을 뿐이다. 아이와 함께 있고 싶어서 내가 활용할 수 있는 제도를 사용했을 뿐이다. 이 순간 내 시간을 아빠가 되는 데 쓰고 싶어서 결정했을 뿐이다. 이렇게 돌아보니 육아하는 아빠도 아이를 낳지 않는 부부만큼이나 사회에서 이해 받지 못하는 삶의 방식이 아닌가 싶다.

이렇게 변화 없는 사회에 어울리지 못하고 툭 떨어져 나온 듯한 이 두 무리는 많이 닮아 있다. 똑같이 엄마의 희생을 막기 위해 선택했다는 것도, 이해 받지 못하는 어색한 위치인 것도 비슷하다. 공격적인 질문을 받아내고 해명하고 설득하느라 괴로워한다. 이들을 이해 못하고 은근슬쩍 계속 돌을 던지는 사람들은 누굴까? 지금 우리 사회에 전반적으로 깔려 있는 오랜 전통과 낡은 상식을 숭배하는 이들이 그렇다. 결혼하면 애는 당연히 낳아야 하고, 애는 엄마가 봐야 한다는 생각을 가진 기존 세대와 그 밑에서 그렇게 배우고 자란 우리들이다. 이들에게 아빠는 육아에 관심 없는 가부장이며 엄마는 헌신하며 아이를 키워낸 희생자이다. 직접 경험한 인생 외에는 다른 삶의 방식을 받아들일 수 없기 때문에 다른 이들을 익숙한 방식으로 끌어오기 위해 갖은 애를 쓴다.

우리가 아이 없는 부부의 결성이 잘못되었다며 출산과 육아를 강요할 수 있을까? 그들을 이해하는 방식은 왜 그런 결정을 하게 되었는지 들여다보는 것, 어쩔 수 없는 환경적 요인이 있다면 함께 노력해 보는 것이 되어야한다. 아이를 낳아서 키우는 것이 부부에게, 특히 엄마에게 강요된 희생으로 주어지는 이 사회에 대한 의문을 가지는 것이 바른 이해라고 믿는다. 사회적 불합리함으로 결정된 것이라면 이것은 자유로운 개인의 선택이라고 하기 어렵다. 함께하는 육아에 대한 사회적 이해 속에 출산과 육아가 이루어져야 한다. 아이를 한 명을 낳든 아니면 아예 낳지 않든 모두 자유로운 분위기 속에서 선택할 수 있어야 한다. 그렇게 되면 누구도 서로를 특이하게 보지 않게 된다. 각각의 자유임을 이해하기 때문이다. 아직은 좀 어색하게 느껴지는 딩크족과 아빠 육아라는 말이 하루빨리 사라져야 한다. 그런 날이 오면 좋겠다. 누구도 서로 강요하지 않고 공격하지 않고 서로의 선택을 존중하고 이해할 수 있는 그런 날이.

한 아이를 키우려면 온 사회가 필요하다

이 책을 한 명도 빠짐없이 읽어야 하는 이유

처음 이 책을 기획할 때 이런 생각이 들었다. '이건 무조건 육아 베스트셀러가 될 거야!' 이 판단에는 나름의 이유가 있었다. 바로 하나를 둘로 만들 수 있는 마법을 부릴 수 있기 때문이었다. 이게 무슨 이야기인가 하면 기존의 수많은 육아서와는 그 목적 자체가 다르다고 생각했다. 시중의 육아 관련 책은 대부분 엄마들이 찾아보고 엄마들이 실행해야 한다. 물론 아빠들을 위한 내용도 많지만 소용없다. 육아서가 아빠에게 닿기에는 너무 멀고 힘들다. 그렇기 때문에 이 수많은 정보의 홍수 속에서 헤매면 헤맬수록 엄마들은 더욱 파묻혀 힘들어하고, 알면 알수록 오히려 나는 왜 이렇게 못할까 하는 죄책감에 헤어 나오기 어렵다.

그래서 생각해 봤다. 어떤 육아서가 지금 우리에게 필요한지. 어떤 일을 할 때 그 요령을 깨달아서 좀 더 잘하는 것과 한 명 더 붙여서 함께하는 것 중 어느 것이 나을까? 답은 정해져 있다. 월등한 초인이 아니라면 아무리 나아진다 해도 두 명보다 무조건 모자란 게 한 명이다. 이는 육아의 세계에서도 적용된다. 백날 유용한 육아 정보를 엄마 혼자 깨닫고 실천해도 한계가 있다. 옆에 무관심한 아빠는 무슨 짓을 해도 여전히 0이다. 단순하게 물리적인 부분만을 따져도 그렇지만 정신적인 부분까지 고려하면 엄청난 차이가 생긴다. 누군가 옆에 함께 있다는 그 느낌. 나와 생각을 함께하는 동지가 있다는 것만으로도 육아의 판도는 아주 달라진다.

하나를 둘로 만들기 위해서 이 글을 써 내려 갔다. 그렇게 할 수만 있다면 지금과는 완전히 다른 육아 세상을 만들 수 있다고 생각했다. 직접 경험하고 내가 변한 이야기, 아빠만이 아빠에게 할 수 있는 이야기를 던져서 많은 아빠를 변화시킬 수 있다고 믿었다. 이 글들은 당연히 출산과 육아를 계획하거나 이제 막 시작하는 부부, 특히 아빠를 대상으로 쓰였다. 또 하나의 육아 베스트셀러로서 자리매김할 것을 확신했다. 육아계의 바이블이 되어 부모라면 모두 한 권씩은 갖고 있다는 『임신 출산 육아 대백과』와 어깨를 나란히 하는 모습을 상상했다. "하나보다 나은 둘을 만들어 주는 책이 이 세상에 또 있을까?"라는 나만의 강력한 최면에 빠져서.

글을 쓰면 쓸수록 이런 확고한 믿음에 계속 금이 가기 시작했다. 처음에는 아빠 한 명만 마음을 바꾸면 모든 게 해결될 것 같았다. 하지만 써 내려가는 글들에 대한 반응을 보면서 스스로 의심을 하기 시작했다. 정말 아빠만 바뀐다고 달라질 수 있을까? 다시 한번 생각을 되짚어 봤다. 먼저 이 글을 읽기 바랐던 처음의 대상인 '임신을 계획하거나 이제 막 출산과 육아를 시작하는 부부'를 제외했다. 당장 육아와 거리가 있어 보이는 사람들은 어떤 마음으로 이 글을 읽고 있을까? 그간의 반응을 토대로 그들의 생각을 그려보았다. 아이들이 이미 다 큰 사람들은 "나 때는 턱도 없었는데 세상이 많이 변했네. 이렇게 점점 변하겠구나. 파이팅!" 결혼이나 아이 계획이 없는 사람들은 "아빠들이 도와주면 엄마들이 편해질 것 같아요. 파이팅!" 무언가 공통점이 느껴지는가? 분명히 공감은 하지만 스스로가 직접적인 변화의 대상은 아니라는 뉘앙스가 묻어난다. 이게 자연스러운 게 맞다. 나도 그 사람들을 대상으로 쓴 게 아니었으니까. 그런데 이런 반응들이 늘어가면서 뭔가 꺼림칙한 기운이 계속 뒤통수에 간지럽게 쌓여만 났나. 왜 그랬을까?

예를 하나 들어보자. 내가 쓴 글을 읽고 변한 아빠가 생겼다. 이제 쓸데없는 야근이나 회식은 하지 않고 집에 가서 아이를 보려고 결심했다. 하지만 회사에는 육아의 'ㅇ'자도 모르는 직장 상사가 있다. 아이를 신경 쓰지 않았고 그저 혼자 알아서 컸다며 자신의 무관심을 사회적 성공과 훌륭한 결혼 생활임을 뽐내는 그런 흔히 볼 수 있는 아빠 말이다(아빠라고 불러야 하는지도 모르겠지만). 그 사람은 갑자기 변한 부하 직원을 이해할 수 없다. 그래서 눈치를 주고 불이익을 준다. 자, 이런 환경에서 변하려는 아빠가 제대로 나아갈 수 있을까? 하나 더 살펴보자. 엄마 혼자 힘들게 아이들을 독박 육아로 키워냈다. 아이들에게 아빠는 그저 돈을 벌어다 주는 분이었다. 그 아이들이 나중에 사회로 나가 일터에서 육아에 동참하는 아빠를 이해할 수 있을까? 이 아빠는 왜 혼자 특이하게 구는 걸까? 그냥 일만 열심히 해서 돈이나 많이 벌어다 주면 될 텐데…. 이런 생각을 하지 않을까? 본인 아빠가 그랬던 것처럼 말이다. 그리고 결혼을 하게 된다면 어떻게 될까? 남자라면 본인의 아빠와 같이 육아에는 무관심한 채 살아가고, 여자라면 본인의 엄마처럼 육아에 전념하고 삶을 포기하는 것을 당연하게 여기지 않을까? 왜냐하면 본인의 가정에서 엄마와 아빠가 그랬고 그것을 보고 배웠기 때문이다. 아빠는 육아에 없는 사람, 엄마가 모든 것을 알아서 다 하는 것이 옳다고 믿으면서 살아간다. 이 대물림은 계속된다.

더 끔찍한 예가 많겠지만 이만하면 충분하다. 이 사회를 살아가는 우리는 모두 아빠가 하는 육아에 대해 다시 생각해야 한다. 나는 아니겠지라는 생각은 아쉽게도 통하지 않는다. 그런 안일한 생각은 변해가려는 곳곳에서 스스로를 장애물로 만들 뿐이다. 아빠가 쓰려는 육아휴직을 허락하지 않는 직장 상사가 될 것이고, 어린이집 하원을 하기 위한 아빠의 정시 퇴근을 이해하지 못하고 험담하는 동료 직원이 될 것이다. 아직도 이 글이 아이가 곧 생기거나 키우는 부부, 아빠만을 위한 글이라는 생각이 드는가? 나의 생각은 완전히 바뀌었다. 아니 확장되었다. 단지 아빠만 생각이 달라진다고 해결되는 문제가 아니라는 확신이 들었다. 책을 읽으며 글에서 다루는 대상이 당연히 아빠라고 여겼겠지만 그렇지 않다. 이런 사회 전체의 분위기를 어느 한 사람의 잘못으로 몰아갈 수는 없다. 결국 이 책은 '우리 모두'에게 하고 싶은 말이다. 이 글은 누구에게도 제외되지 않는다.

'아이를 키우려면 온 마을이 필요하다.'라는 말을 이제야 무슨 말인지 온전히 이해할 수 있었다. 사회 구성원 모두가 육아에 공감하는 사회가 필요하다는 말이었다. 우리가 어떤 신념을 지켜나가고 변화를 실천하려면 진정한 공감이 필요하다. 그리고 이는 서로를 이해하는 데서 시작된다. 엄마와 아빠가 육아를 함께하는 사회 분위기는 당장 어린아이를 둔 아빠 엄마만 변한다고 되는 게 아니다. 엄마 아빠를 둘러싼 우리가 그들을 이해하고 진심으로 공감해야 변화가 시작된다. 아빠가 육아를 함께하는 것을 특이하게도 이상하게도 생각하지 않는 세상이 와야 한다. 그러려면 우리 모두, 사회 전체가 함께 변해서 아이에게 엄마 아빠가 당연히 함께하는 육아 환경을 만들어주어야 한다.

더 이상 원망만 하지 말자. 더 이상 미루지 말자. 그리고 더 이상 모른척하지 말자. 우리부터 변해야 우리 다음도 변한다. 여기서 우리는 이곳에 있는 모든 '우리'다. 결국 이 사회의 변화는 우리 모두가 해야 한다. 모두의 관심과 행동이 필요하다. 우리가 아이에게서 아빠의 자리를 되찾아 줄 수 있다. 이 책은 '부모만을 위한 육아서'에 그치지 않고 '우리 모두를 위한 교양서'를 꿈꾼다. 사회를 바꾸는데 필요한 모두를 위한 책이 되길 바란다. 많이 읽히고 많이 불편하게 만들어야 한다. 변화는 그렇게 이루어지기 때문이다.

'육아=엄마'라는 공식이 깨지길

"이거 한 번 봐 봐. 우리도 함께해보자."

여느 때처럼 파랑이 육아 정보 콘텐츠를 공유해 주었다. 제목부터 눈에 팍 들어온다. <아이를 살리는 엄마의 언어> 그리고 이어지는 파랑의 푸념. "왜 이런 건 다 엄마로 시작할까? 엄마들에게만 굴레와 의무를 씌우는 것처럼 느껴져서 불편해." 들어보니 그랬다. '엄마의 말, 엄마의 습관, 엄마의 공부 등등' 모두 엄마의 ○○○였다. 내가 엄마가 아니어서 그랬는지 전혀 느끼지 못하고 오히려 자연스럽다고 생각해왔다. 마지막 파랑의 말에 그 불합리함이 단박에 이해가 되었다. "부모의 ○○○라고 해도 되는데 늘 주체가 엄마로 고정이야. 마치 아이가 잘못 크면 다 엄마 잘못인 것 마냥."

한편으로는 어쩔 수 없다는 생각도 들었다. 육아 정보를 찾고 필요로 하는 사람이 엄마이기 때문이다. 아이의 부모 모두에게 필요한 게 맞지만 실제로 활용하는 사람은 엄마인 경우가 많다. 그러니까 육아 콘텐츠가 잘 되기 위해서는 엄마를 강조하는 것이 비즈니스적으로 옳다. 돈은 현실을 반영한다. 아빠에게는 육아 콘텐츠가 안 팔린다. 이게 현실이다.

육아에 대한 콘텐츠는 대부분 엄마를 대상으로 한다. 육아라는 것이 엄마의, 엄마에 의한, 엄마를 위한 것으로 기정사실화되어 있다. 그러다 보니 아이의 잘못에 대한 책임과 비난도 모두 엄마에게 돌아갔다. 심지어 옆에서 함께해야 할 남(의)편도 모른 척 이렇게 외치곤 한다. "왜 아이를 이렇게 키웠어?" 누워서 칵하고 침을 뱉는다.

엄마들은 육아의 의무와 책임을 모두 짊어지고 보이지도 않는 어두운 터널을 홀로 더듬거리며 나아간다. 넘어지고 다쳐도 아이를 위해 지친 몸을 일으켜서 계속 걸어간다. 아빠는 적당히 떨어져서 혹시라도 작은 의무와 책임의 먼지라도 옷에 튈까 봐 조심하며 떨어져간다. 앞서서 헤쳐나가는 엄마를 보며 역시 애는 엄마가 키워야 한다며 고개를 끄덕인다. 우리는 이것에 의문을 가지지 않고 무엇이 이상한지도 모르고 지낸다. 삶에서 배운 수많은 공식처럼 '육아=엄마'를 한 치의 의심도 없이 외우고 살기 때문인지도 모르겠다.

아빠가 함께하는 육아에 대해 써 내려 가면서 응원과 공감을 받았다. 이미 지금 내 생각을 아는 사람들에게도, 새롭게 알게 된 사람들에게도 기대 이상의 많은 것을 받았다. 이런 반응에는 특징 두 가지가 있었는데, 먼저 하나는 반응의 99% 이상이 여성에게서 왔다는 점이다. 애초에 대상을

(예비) 아빠로 잡았었던 것이 무색할 정도였다. 남성들에게는 별로 관심이 가는 주제가 아닌 것 같았다. 다른 하나는 그 반응의 내용이 대부분 '선구자, 깨어있다, 변화의 시작'처럼 소수의 의견을 지칭한다는 점이다. 처음에는 혹시 너도 나도 아는 당연한 이야기를 마치 새로운 이야기인 양 떠들어 대는 것은 아닐까 걱정했다. "너 빼고 이미 다 알고 있어. 그리고 모두 그렇게 행동하고 살아가고 있어."라며 한 소리를 듣는 것은 아닐까 싶기도 했다. 이런 생소한 의견에 대한 지지를 받으면 받을수록 '지금 내겐 당연한 이 생각이 모두에게 익숙한 생각은 아니구나'라는 확신이 들었다. 또한 이를 '우리 사회는 아직 이런 생각을 받아들이기 어려워. 옳은 이야기지만 아직 우리의 상식까지는 아니야.'라고 이해할 수 있었다. 아직 멀었다라는 생각과 이렇게 쓰기 시작하길 잘했다는 생각이 동시에 들었다. 세상에 내 생각과 글이 필요한 곳이 충분히 있다고 믿게 되었다.

아쉽게도 이 글은 여성들에게만 읽힐지도 모른다. 엄마만을 대상으로 한 육아 정보의 범람과 아빠를 대상으로 한 이야기에 무관심한 지금 상태를 보면 그럴 수밖에 없다. 하지만 함께하는 육아가 우리가 진정으로 바라는 옳은 변화의 방향이라고 믿으며 과감하게 도움을 청해 본다. 이 책을 읽는 여성들은 옆에 있는 수많은 남성에게 전해 주길 부탁한다. 애인, 남편, 아들, 사위, 손자, 친구, 선배, 후배, 제자 등 우리 사회의 절반을 차지하는 그들에게 내 이야기가 닿았으면 좋겠다. 그들이 고민과 생각을 시작하지 않으면 변화는 없다. 나와 비슷한 생각을 하는 사람들이 생겨나더라도 무관심 속에 사라지길 반복할 것이다. 변화는 늘 어렵고 오래 걸린다. 하지만 포기하지 않고 조금씩 움직이면 변화는 멈춤이 아닌 진행 중일 수 있다. 누군가에게 내 이야기가 닿아 그들 중 단 한 명이라도 고민을 시작하길 꿈꾼다. 그렇다면 더 바랄 것이 없겠다. 그 한 명에서 끝나지 않고 또 다른 한 명을 만들 것이고 그렇게 우리는 조금씩 변해 갈 것이기 때문에.

바라는 것이 생겼다. 지금 내가 받는 뭔가 좀 다른 사람이라는 시선이 사라지길 바란다. '옛날에는 아빠도 육아를 함께하자고 주장하는 사람이 있었대.' 마치 여성들에게도 투표를 할 수 있게 해달라고 주장하던 옛사람처럼 말이다. 그리고 이런 글이 의미가 없어져서 아무도 쓰지 않고 누구에게도 읽히지 않게 되길 바란다. 옛날에는 '아빠 육아'라고 따로 불렀다는데? 하하. 이렇게 믿을 수 없는 전설로 남길 바란다. 그게 내가 바라는 바다. 내 바람이 지금 읽고 있는 당신으로부터 시작되길 바라며 글을 마친다.

— 변화된 사회를 위해 저부터 앞장서고자 합니다.
이 책에 발생하는 저작의 수익을 도움이 필요한
아이들에게 전액 기부합니다. 읽고 마음이 동하셨다면
주변에도 세상을 바꾸는 일에 동참하자는 의미로 권해
주시면 큰 힘이 되겠습니다. 미리 감사드립니다.

아빠 육아 업데이트

초보 아빠에서 베테랑 아빠로 나아가기

초판 1쇄 인쇄 2021년 9월 13일
초판 1쇄 발행 2021년 9월 28일

지은이	홍석준
펴낸이	이준경
편집장	이찬희
책임편집	김한솔
편집	김아영
책임디자인	김정현
디자인	정미정
마케팅	양지환
펴낸곳	(주)영진미디어

출판등록	2011년 1월 6일 제406-2011-000003호
주소	경기도 파주시 문발로 242 3층
전화	031-955-4955
팩스	031-955-4959
홈페이지	www.yjbooks.com
인스타그램	@youngjin_media

ISBN	979-11-91059-20-5 13590
값	14,500원